强力推进 网络强国战略 丛书

网络文化篇

网络强国导航仪

先进文化引领

主　编　化长河

副主编　陈　露　张　晨

图书在版编目（CIP）数据

网络强国导航仪：先进文化引领/化长河主编．—北京：知识产权出版社，2018.8

（强力推进网络强国战略丛书）

ISBN 978－7－5130－4793－7

Ⅰ.①网… Ⅱ.①化… Ⅲ.①互联网络—发展—研究—中国 Ⅳ.①TP393.4

中国版本图书馆 CIP 数据核字（2017）第 046093 号

责任编辑：段红梅　张雪梅　　**责任校对：**潘凤越

封面设计：智兴设计室·索晓青　　**责任印制：**刘译文

强力推进网络强国战略丛书

网络文化篇

网络强国导航仪

——先进文化引领

主　编　化长河

副主编　陈　露　张　晨

出版发行：知识产权出版社有限责任公司　　**网　　址：**http：//www.ipph.cn

社　　址：北京市海淀区气象路 50 号院　　**邮　　编：**100081

责编电话：010－82000860 转 8171　　**责编邮箱：**410746564@qq.com

发行电话：010－82000860 转 8101/8102　　**发行传真：**010－82000893/82005070/82000270

印　　刷：三河市国英印务有限公司　　**经　　销：**各大网上书店、新华书店及相关专业书店

开　　本：720mm×1000mm　1/16　　**印　　张：**14

版　　次：2018 年 8 月第 1 版　　**印　　次：**2018 年 8 月第 1 次印刷

字　　数：230 千字　　**定　　价：**68.00 元

ISBN 978-7-5130-4793-7

强力推进网络强国战略丛书

编委会

总　序

20世纪人类最伟大发明之一的互联网，正在迅速地将人与人、人与机的互联朝着万物互联的方向演进，人类社会也同步经历着有史以来最广泛、最深刻的变革。互联网跨越时空，真正使世界变成了地球村、命运共同体。借助并通过互联网，全球信息化已进入全面渗透、跨界融合、加速创新、引领发展的新阶段。谁能在信息化、网络化的浪潮中抢占先机，谁就能够在日新月异的地球村取得优势，获得发展，掌控命运，赢得安全，拥有未来。

2014年2月27日，在中央网络安全和信息化领导小组第一次会议上，习近平同志指出："没有网络安全就没有国家安全，没有信息化就没有现代化"，"要从国际国内大势出发，总体布局，统筹各方，创新发展，努力把我国建设成为网络强国。"

2016年7月，《国家信息化发展战略纲要》印发，其将建设网络强国战略目标分三步走。第一步，到2020年，核心关键技术部分领域达到国际先进水平，信息产业国际竞争力大幅提升，信息化成为驱动现代化建设的先导力量；第二步，到2025年，建成国际领先的移动通信网络，根本改变核心关键技术受制于人的局面，实现技术先进、产业发达、应用领先、网络安全坚不可摧的战略目标，涌现一批具有强大国际竞争力的大型跨国网信企业；第三步，到21世纪中叶，信息化全面支撑富强民主文明和谐的社会主义现代化国家建设，在引领全球信息化发展方面有更大作为。

所谓网络强国，是指具备强大网络科技、网络经济、网络管理能力、网络影响力和网络安全保障能力的国家，就是在建设网络、开发网络、利用网络、保护网络和治理网络方面拥有强大综合实力的国家。一般认为，网络强国至少要具备五个基本条件：一是网络信息化基础设施处于世界领先水平；二是有明确的网络空间战略，并在国际社会中拥有网络话语权；三是关键技术和装备要技术先进、自主可控；四是网络主权和信息资源要有足够的保障手段和能力；五是在网络空间战略对抗中有制衡能力和震慑实力。

所谓网络强国战略，是指为了实现由网络大国向网络强国跨越而制定的国家发展战略。通过科技创新和互联网支撑与引领作用，着力增强国家信息化可持续发展能力，完善与优化产业生态环境，促进经济结构转型升级，推进国家治理体系和治理能力现代化，从而为实现“两个一百年”目标奠定坚实的基础。

实施网络强国战略意义重大。第一，信息化、网络化引领时代潮流，这是当今世界最显著的变革特征之一，既是必然选择，也是当务之急。第二，网络强国是国家强盛和民族振兴的重要内涵，体现了党中央全面深化改革、加强顶层设计的坚强意志和创新智慧，显示出坚决保障网络主权、维护国家利益、推动信息化发展的坚定决心。第三，网络空间蕴藏着巨大的经济、科技潜力和宝贵的数据资源，是我国社会经济发展的新引擎、新动力。它与农业、工业、商业、教育等各行业各领域深度融合，催生出许多新技术、新业态、新模式，提升着实体经济的创新力、生产力、流通力，为传统经济的转型升级带来了新机遇、新空间、新活力。第四，互联网作为文化碰撞的通道、思想交锋的平台、意识形态斗争的高地，始终是没有硝烟的战场，是继领土、领海、领空之后的“第四领域”，构成大国博弈的战略制高点。只有掌握自主可控的互联网核心技术，维护好国家网络主权，民族复兴的梦想之船才能安全远航。第五，国家治理体系与治理能力现代化，需要有效化解社会管理的层级化与信息传播的扁平化矛盾，推动治理的科学化与精细化。尤其是物联网、大数据、云计算等先进技术的涌现为之提供了更加坚实的物质基础和高效的运作手段。

经过20多年的发展，我国互联网建设成果卓著，网络走入千家万户，网民数量世界第一，固定宽带接入端口超过4亿个，手机网络用户达10.04亿人，我国已经是名副其实的网络大国。但是我国还不是网络强国，与世界先进国家相比还有很大的差距，其间要走的路还很长，前进中的挑战还很多。如何实践网络强国战略，建设网络强国，是摆在中华民族面前的历史性任务。

本丛书由战略支援部队信息工程大学相关专家教授合作完成，丛书的策划、构思和编写围绕以下问题和认识展开：第一，网络强国战略既已提出，那么，如何实施，从哪些方面实施，实施的路径、办法是什么，存在的问题、困难有哪些等。作者始终围绕网络强国建设中的技术支撑、人才保证、文化引领、安全保障、设施服务、法律规范、产业新态和国际合作等重大问题进行理论阐述，进而提出实施网络强国战略的措施和办法。第二，网络强国战略既是一项长期复杂的系统工程，又是一个内涵丰富的科学命题。正确认识和深刻把握网络强国战略的内涵、意义、使命和要求，无疑是全面贯彻落实网络强国战略的前提条件。丛书的编写既是作者深入理解网络强国战略的认知过程，也是帮助公众深入理解网络强国战略的一种努力。第三，作为身处高校教学一线的理论工作者，积极投身、驻足网络强国理论战线、思想战线和战略前沿，这既是分内之事，也是践行国家战略的具体表现。第四，全面贯彻落实网络强国战略，既有共同面对的复杂现实问题，又有全民参与的长期发展问题。因此，理论研究和探讨不可能一蹴而就，需要作持久和深入的努力，本丛书必然会随着实践的推进而不断得到丰富和升华。

为了完成好本丛书的目标定位，战略支援部队信息工程大学校党委成立了"强力推进网络强国战略丛书"编委会，实行丛书主编和分册主编负责制，对我国互联网发展的历史和现状特别是实现网络强国战略的理论和实践问题进行系统分析和全面考量。

本丛书共分为八个分册，分别从技术创新支撑、先进文化引领、基础设施铺路、网络产业创生、网络人才先行、网络安全保障、网络法治增序、国际合作助推八个方面，对网络强国建设中的重大理论和实践问题进行了梳理，对我国建设网络强国的基础、挑战、问题、原则、目标、重点、任务、路径、对策和方法等进行了深入探讨。在撰写过程中，始终坚持突出政治性，立足学术性，注重可读性。本丛书具有系统性、知识性、前沿性、针对性、实践性、操作性等特点，值得广大人文社科工作者、机关干部、管理者、网民和群众阅读，也可供大专院校、科研院所的专家学者参考。

在丛书编写过程中，得到了中央网络安全和信息化领导小组办公室负责同志的高度关注和热情鼓励，借鉴并引用了有关网络强国方面的大量文献和资料，与多期"网信培训班"的学员进行了研讨，在此一并表示衷心的谢忱。

邬江兴

目　录

第一章　透视网络先进文化内涵

纵观人类历史，文化形态丰富多彩。按历史时间和生产工具划分，有采集文化、农业文化和工业文化等；按地域划分，有中华黄土文化、西方海洋文化等，而同属中华文化体系的又有中原文化、齐鲁文化、巴蜀文化、吴越文化、楚文化、岭南文化等；按用途划分，有饮食文化、服饰文化、建筑文化等。这些文化形态多姿多彩，与人类生活相依产生，又对人类社会产生不同的影响。

互联网给人们带来了翻天覆地的巨大变化，正全方位地影响着人们的生活、思维、学习和交往。现在，如果没有互联网，人们几乎寸步难行。

在人与网络的交互作用之中，网络文化应运而生。网络文化是人类文化的新形态，是个“新生儿”，是一股强大的新生力量，是人类精神文明的新来源。所以，关于它的内涵、表现形式、特征都是需要进行深入研究的课题。

在虚拟的网络世界里，各种文化样式并存，鱼龙混杂。网络文化的繁荣既给我们提供了机遇，也带来了挑战。如何把握机遇、迎接挑战是我们面临的重大课题。我们要大力发展网络先进文化，要用正确的思想舆论占领、巩固网络思想文化主阵地。

一、网络文化是人类文化的新形态

文化形态的形成与演进受到许多因素的影响，在这些因素的作用下会产生与之相应的新的文化形态。

（一）技术进步与文化形态演进

关于影响文化发展演进的因素，历来众说纷纭，综合各家观点，主要有地域、政治、经济、技术等因素。

地域因素对文化发展演进的影响主要体现在人类文化发展的初始阶段，当一种文化的核心性质已经定型，并且已形成自己的文化传统的时候，地域因素对于文化的影响就越来越小了。特别是在现代社会，科技的发达使得文化交流越来越方便快捷，地域因素对文化的影响已是微乎其微了。而政治对文化演进发展的影响往往取决于文化是不是处于政治的从属地位。经济因素对于文化演进有着一定的作用，然而，社会经济的发达与发展却并不一定带来文化的发达与发展，有时还呈现相反的态势。例如，公元前6～公元前4世纪，中国、印度、古希腊文化都出现了异常繁荣的态势，各自呈现出不同的文化面貌，诞生了孔子、老子、释迦牟尼、苏格拉底、柏拉图等文化巨人，那个时代被称为文化的轴心时代，而那个时代的经济水平却并不高。

科学技术的进步在文化发展演进中有着十分重要的作用，人类文化的变迁依存于技术进步，特别是在现代社会，科学技术成为影响文化发展演进的重要因素。人类文化的演进与科学技术进步之间存在着紧密的关系，科学技术的进步既是促进经济发展的重要因素，也是推进文化发展的重要因素。纵观人类历史，科学技术的每一项重大发现和发明都推动了人类社会经济制度、文化形态等的发展，正如马克思所说："火药、罗盘、印刷术——这是预告资产阶级社会到来的三大发明。火药把骑士阶层炸得粉碎，指南针打开了世界市场并建立了殖民地，而印刷术则变成了新教的工具，总的来说变成科学复兴的手段，变成对精神发展创造必要前提的最强大的推动力。"习近平主席在2015年乌镇世界互联网大会讲话中也指出："纵观世界文明史，人类先后经历了农业革命、工业革命、信息革命。每一次产业技术革命，都给人类生产生活带来巨大而深刻的影响。"科学技术进步所引起的文化变革，也是技术进步导致社会生活各个领域广泛变革的必然反映和组成部分。

科学技术对文化发展的意义还在于，科学技术的进步会带来人们世界观和价值观的转变。德国技术哲学家拉普说："实际上，技术是复杂的现象，它既是自然力的利用，同时又是一种社会文化过程。"也就是说，科学技术本身有着文化的属性和功能，科学技术的进步不仅仅是生产工具的变革，同时也蕴含着丰富的文化内涵，科学技术进步成为文化发展演进的内在构成和必要条件。

网络文化是人类文化的新形态。网络文化的诞生集中体现了技术在文化演进中的作用以及技术进步与文化发展变迁的紧密关系。网络文化就是在网络技术、通信技术和计算机技术条件下的新型文化形态。随着科学技术的进步，网络从Web1.0、Web2.0到Web3.0，信息的传播越来越快。网络正全方位、深刻地影响着人们的生产方式、思维方式、生活方式和学习方式。互联网掀起了一场基于计算机技术的社会革命，改变了人类文明发展演进的方式，创造了一种虚拟又实在的新型网络社会。在人们创造网络、网络影响人类的交互作用下，一种新的文化形态——网络文化应运而生，掀开了人类文化发展史的新篇章。

（二）网络时代与网络文化

网络的诞生和飞速发展给人们的生活带来了翻天覆地的变化，应运而生的网络文化是人类文化发展史上一个重要的里程碑。

1. 飞速发展的网络时代

2016年10月9日，中共中央政治局就实施网络强国战略进行第三十六次集体学习，中共中央总书记习近平在主持学习时强调，网络信息技术是全球研发投入最集中、创新最活跃、应用最广泛、辐射带动作用最大的技术创新领域，是全球技术创新的竞争高地。

当代，给全球带来巨大变化和巨大惊喜的就是互联网络。1969年10月29日，美国加州大学洛杉矶分校的雷纳德·克兰罗克教授及其团队首次实现了全球互联网络的通信，这标志着互联网络的诞生。1987年9月20日20点55分，中国成功发送了第一封电子邮件，标志着中国与国际计算机网络的成功连接。1994年4月20日是一个历史性的时刻，这一天中国全功能接入国际互联网，成为接入国际互联网的第77个国家。

1994年我国才开始真正接入互联网，1995年才出现商用Internet服务，起步较晚，但发展速度却极其惊人。1998年2月、12月搜狐、新浪相继成立；1998年11月马化腾和他的同学合资创立深圳腾讯计算机系统有限公司；2000年1月李彦宏创建了百度；1999年9月马云成立了阿里巴巴集团，2003年5月创立淘宝网，2004年12月创立第三方网上支付平台——支付宝……

我国网民人数也在飞速增加。《第38次中国互联网络发展状况统计报告》显示：截至2016年6月，中国网民规模达到7.10亿人，互联网普及率达到51.7%，超过全球平均水平3.1个百分点。中国居民上网人数已过半，其中2016年上半年新增网民2132万人。

习近平总书记指出，当今世界，网络信息技术日新月异，全面融入社会生产生活，深刻改变着全球经济格局、利益格局、安全格局。

的确，互联网给人们的社会生活带来了翻天覆地的变化，网络正以不可阻挡之势广泛而深刻地影响着世界，影响着国家的政治、经济、军事、文化、教育等方方面面，影响着人们的生活、思维、学习和交际。网民的生活正在全面网络化，网络已经成为普通人生活的一部分。正如歌曲《微时代》中所唱：

你有事可以微博里私信给我，你有事可以微信里留言给我。

你没事看看微电影和微小说，你没事可以听听微音乐和陪陪我……

在人与网络的交互作用之中网络文化应运而生，而在互联网的飞速发展中网络文化正在繁荣发展。网络文化是人类文明的重大成果，对人类社会产生了广泛而深刻的影响。可以预见，网络文化对人类未来的精神生活和物质生活所产生的影响还将远远超出人们的想象。

2. 网络文化的概念与内涵

要探究网络文化的概念，首先要考察“文化”这个概念。“文化”是一个广泛使用而又歧义甚多的概念。文化可作广义和狭义理解。《中国大百科全书——社会学》中说：“广义的文化是指人类创造的一切物质产品和精神产品的总和。狭义的文化专指语言、文学、艺术及一切意识形态在内的精神产品。”本书取狭义文化概念。而且随着社会的发展，狭义文化的概念也慢慢有了相对一致的认识。“许多学者认为，所谓文化，是指在一定的社会条件下人类认识和处理人与自然、人与社会以及人与自身关系的精神产品的整体体现，反映了人类从必然王国走向自由王国的发展程度，是人类社会在真善美诸方面发展水平的主要标志。”①

网络文化是人类文化的新形态。“网络文化”一词已成为当下一个极为重要

---

① 巨乃岐，王吉胜. 保密文化导论［M］. 北京：金城出版社，2016：31.

的名词，频频出现在媒体、学术刊物和政府的文件中。但是究竟什么是“网络文化”，却众说纷纭，学术界有多达100余种不同的定义。对“网络文化”一词进行一个相对准确的学术界定并非易事，不同的学者由于研究的出发点和侧重点不同，给网络文化下了不同的定义。例如：

陶善耕、宋学清从行为文化和意识文化角度定义网络文化，认为“所谓网络文化，就是以网络为载体和媒介，以文化信息为核心，在网络构成的开放的虚拟空间中自由地实现多样文化信息的获取、传播、交流、创造，并影响和改变现实社会中人的行为方式、思维方式的文化形式的总和。”①

尹韵公从文化载体、传输介质流内容、达到的效果几个方面对网络文化进行定义，认为“网络文化是以人类最新科技成果的互联网和手机为载体，依托发达而迅捷的信息传输系统，运用一定的语言符号、声响符号和视觉符号等，传播思想、文化、风俗民情，表达看法观点，宣泄情绪意识等，以此进行相互间的交流、沟通、联系和友谊，共同垒筑起一种崭新的思想与文化的表达方式，形成崭新的文化风景。”②

丁三青和王希鹏通过对当前网络文化概念表述中经常用到的文化模式、文化内容、文化本质三个核心概念的分析，得出“网络文化是人类以信息网络方式改造客观世界的对象化活动而生成的新兴文化形态，它是网络物质文化、行为文化和精神文化的综合体，是人类一种新的网络化生存方式和社会发展图式。”③

经过综合分析，我们认为：网络文化是网络技术、通信技术和计算机技术条件下的新型文化形态，是人们以网络为媒介进行信息传递、资源共享、沟通交流、休闲娱乐等活动时所形成的行为方式、思维方式、生活方式及价值观念、社会心态等方面的总和。

与“文化”概念的定义多样化一样，“网络文化”的定义也呈现多元化的特征。究其原因，一方面是“文化”概念本身的复杂多元性所导致，即文化定义的不同势必会引发对网络文化的不同理解和解释；另一方面则是互联网发展速度快，网络文化的形成和发展过程十分迅速，而人们对网络文化的认识却还处于初级阶段。

---

① 陶善耕，宋学清. 网络文化管理研究［M］. 北京：中国民族摄影艺术出版社，2002：15.

② 尹韵公. 论网络文化［J］. 新闻与写作，2007（5）：15－17.

③ 丁三青，王希鹏. 网络文化概念及内涵辨析［J］. 煤炭高等教育，2009（3）：1－5.

二、网络文化的表现形式与特征分析

作为一种新的文化形态，网络文化有着多样的表现形式和独有的特征，而且因为网络技术的飞速发展，网络文化的形式与特征也在时时更新发展，在不同的发展阶段网络文化的表现形式和特征也不尽相同。

（一）网络文化的表现形式

网络文化表现形式多样，而且随着网络技术的发展，其表现形式也在不断地发生变化，下文所谈的为当今常见的几种形式。

1. 网络新闻

广义上，从传播载体的角度讲，网络新闻是指基于 Internet 传播的新闻信息，它是任何传送者通过 Internet 发布或再发布，而任何接受者通过 Internet 视听、下载、交互或者传播的新闻信息。这里说的网络新闻，是指有资质的网络媒体机构通过互联网中的网站、官方微博、微信公众号等社会化媒体，运用文字、图片、音视频等多种手段传播的新闻报道或评论。

网络新闻是以网络为载体的新闻，具有直观、快捷、可选择、多渠道、多媒体、可交互等特点。网络新闻突破了传统的新闻传播概念，在视、听、感方面给受众以全新的体验。由于网络的开放性和易接入性，在网络上观看新闻非常方便。今天，在网上看新闻已经成为大多数人的习惯。

2. 电子杂志

电子期刊分为纯网络电子期刊和一般网络电子期刊。一般网络期刊是指与印刷型期刊同时出版并提供网上服务的数字化期刊，纯网络电子期刊被称作电子杂志。

电子杂志的诞生几乎与网络技术的发展和兴盛同步，它是依托计算机技术和网络传播技术进行编辑、出版和发行的一种电子读物，从投稿、审稿、编辑、出版、发行、订购、阅读到读者意见反馈的整个过程都是在网络环境中进行的。最早的电子杂志内容多与计算机技术相关，通过电子邮件列表发送。发展到今天，电子杂志整合了网络和传统媒体双方的优势，兼具平面与互联网两者的特点，融入了图像、文字、音视频等，此外还有超链接、即时互动等网络元素，是一种让人非常享受的阅读方式。

3. 网络文学

网络文学也是网络文化的先声。此处的网络文学仅指网络原创文学，即在网上“发表”的文学作品，包括那些经过编辑后登载在各类网络艺术刊物上的作品，不包括传统文学的电子版。但是网络文学与传统文学并不对立，网络文学作品经由出版社出版后就进入了传统文学领域，并依靠网络的巨大影响力，成为流行文化的组成部分，进而影响到传统文学。

借助网络媒介，网络文学随写随发，方便快捷。网络文学的创作过程有着强烈的参与性和互动性，网上的即时交流能够及时地将读者的态度反映出来，作者能根据读者的反应更改剧本或续写，肯定了读者的主观能动性。近年来，网络文学作品内容和形式趋于多样化，有人尝试利用网络技术把图片、音乐等融入作品之中，更新了人们对文学的理解。

从 1997 年（1999 年出版）蔡智恒的第一部网络爱情小说《第一次的亲密接触》开始，到近年来的《后宫·甄嬛传》《步步惊心》《花千骨》，再到 2016 年 8 月热播的《微微一笑很倾城》，网络文学的发展有繁荣有曲折，已成为流行文化非常重要的组成部分，是当今一个重要的文化现象。学界应当充分重视，并进行深入的研究，使其健康发展。

4. 网络艺术与娱乐

网络艺术与娱乐包括网络游戏、网络音视频、网络漫画等，是部分网民闲暇时上网的主要目的之一。以下以网络游戏为例来谈。

网络游戏又称在线游戏，简称网游。网络游戏与单机游戏不同，玩家必须通过互联网连接来进行多人游戏。网络游戏产品不断推陈出新，已经形成了一个巨大的游戏产业。网民通过参与网络游戏还可以形成一个社区进行交流。常见的网络游戏有休闲类网络游戏、网络对战类游戏、角色扮演类网上游戏、功能性网游等。网络游戏在一定程度上丰富了人们的精神世界和物质世界，提高了人们的生活品质，让人们的生活更加快乐。

但是一提到网络游戏，人们往往会把它与“不务正业”“沉迷颓废”联系在一起，并把它视为青少年误入歧途的罪魁祸首。这主要是因为：一方面，一些网络游戏企业受利益驱使制作了一些内容不健康的游戏，严重影响了青少年的身心健康，造成了不良的后果和社会影响；另一方面，青少年的自控力不强，对游戏容易上瘾，沉迷于网络而难以自拔。因此，网游厂商要有使命感，要立足于民族文化和时代精神，不断开发有利于青少年成长的游戏软件，形式要活泼生动，内容要健康向上，避免血腥、恐怖、黄色等游戏题材，另外需要加强网络监管力度，不断改进开发网络游戏防沉迷系统。

5. 网络语言

网络语言是指网民们在互联网上进行交流和沟通时所使用的特殊语言，如骚年（少年）、城会玩（城里人真会玩）、可耐（可爱）等。网络上的任何一种意思其实都可以用传统的语言表达出来，但是网民们偏偏爱舍弃现成的语言不用而去造出一些新词。比如不说“年轻、帅气、有肌肉的男生”而要说“小鲜肉”；不说“难受，想哭”而要说“蓝瘦，香菇”；不说“我”而要说“偶”；不说“人生已如此艰难，有些事就不要拆穿”而要用“人艰不拆”。网络流行语简洁、幽默、个性，人们一到网络中就喜欢用网络用语。

在虚拟的网络世界中，人们的语言行为受到多重因素的支配。网络语言不仅能反映出社会文化方面的现实，也反映出了人们的社会心理需求。比如“宝宝心里苦，但宝宝不说”“我也是醉了”“我内心几乎是崩溃的”“我们一起出去旅游吧，我带着你，你带着钱”“友谊的小船说翻就翻”等，这些诙谐、精炼的语句生动地反映出了人们的心理状态：有苦说不出的苦涩；面对突发事件时的无奈与难以置信；以轻松、调笑的风格消解沉重。

6. “微”文化形式

随着互联网和数字化技术的飞速发展，人类进入了一个全新的时代——“微”时代。如今，“微”字大行其道，其网络传播、网络文化的特征不断改变。“微”不仅改变了人们的生活节奏，也改变了信息传播方式和结构。“微”其实已不微，其汇聚的“微”流已经形成了一股巨大的力量，并形成了一种独特的网络文化形式——“微”文化，如微博、微信、微小说、微电影、微娱乐、微公益等文化现象。

“微”及其汇聚形成的微文化是一种符号的诞生，“微”已经超出了其本身所具有的微小的含义，具备了兼具“速食”、个体性及传播特征的符号意义。在快节奏的今天，微文化因其传播更加快捷、内容与形式更加“草根”性、碎片化和“快餐”化而深受大众欢迎。

（二）网络文化的显著特征

作为文化系统的一个子集，网络文化除了具备文化的一般特征外还有着人类历史上其他文化形态所不具有的独特之处。

1. 网络文化的技术特征

网络文化以计算机网络技术为支撑，是信息技术与网络技术的进步催生出的文化，技术的每一次突破与革新都会推动网络文化内容与形式的变化。所以，网络文化首先是一种技术文化，技术性特征是其最基本的特征。从技术特征层面看，网络文化的特征体现的是互联网的特性。

（1）虚拟实在性

网络产生前人们一直生活在实体空间里，网络产生以后人们的生存空间发生了变化。在网络虚拟空间里人们可以用任何一个名字、任一性别登录到某一个虚拟社区，作为其中的成员与其他成员开展各种各样的活动。在这个虚拟空间里，每个人都可以尽情展现自己，许多在现实空间中难以实现的梦想、行为在虚拟空间中得以实现。人们在现实空间里建立起来的准则和习惯被打破，取而代之的是一个全新的网络虚拟世界。

网络空间又是一个具有现实意味的虚拟社会，在网络空间里人们可以交流、讨论、分享情感等。人们在现实中也会进行这些活动，只不过在网络空间借助的是电脑与手机屏幕。发展到今天，网络已经不仅仅是一个虚拟的世界，网络与现实生活的关系已经密不可分，网络世界和现实生活互相渗透，网络的虚拟性越来越不鲜明。随着网络的飞速发展，网络已经融入了人们的生活，微信圈、微博、QQ 空间等已经常态化。这是一个网络时代，生活在这样一个虚拟与现实相互交织的世界中，人们的角色意识在两种不同的空间里不断进行转换。

网络是现实社会与虚拟世界沟通的桥梁，网络文化虚拟性的基础恰恰是人类的现实社会。网络文化形态与传统文化形态有着千丝万缕的联系，但是却不同于任何传统的文化形式。网络文化是虚拟实际的，这是网络文化区别于其他媒介文化的最重要特征。

（2）交互性

交互性是指人们在网络活动中发送、传播和接收各种信息时表现为互动的操作方式。互联网出现之前，媒体的传播交流方式基本上是单向的，由一个信息发送控制中心把文化产品传送给受众，受众只能在有限的选择中被动接受，传播者选择的内容大都是经过严格把关，并强烈体现制作者和传播者意识的文化产品。互联网改变了这一切。在网络中，每一个网民不仅是信息资源的消费者，同时又是信息资源的生产者和提供者。人们获取信息的方式由传统的被动式接受变为主动地参与，在沟通与碰撞中相互引导，增强了信息传播的效果。

网络文化也是如此，网络时代的文化核心就是互动。每个人既是文化的参与者，同时又是文化的制造者，网民可以根据自己的需要、观点等主动地对文化形式和内容进行选择、修改、加工、创造。如网络文学的创作，网络写手与线上读者的沟通交流非常频繁。读者的点击、评说以及网站的阅读排行榜激发着网络写手的创作激情，一定程度上左右着他们的创作，网民的回帖和评论甚至能够成为网络文本的有机组成部分。

现在这种交互性更加突出，如新兴的“弹幕视频”。“弹幕视频”顾名思义即带有“弹幕”的视频，人们在观看视频时发出的简短评论会直接以滚动、停留甚至更多动作特效的方式出现在视频屏幕上，而同时或者之后，这些评论会在此视频的该时间点显示出来。如果不想看到这些评论，可以点击关闭弹幕功能。著名的弹幕网站有 AcFun 弹幕网、bilibili（哔哩哔哩弹幕网）、dilili、tucao、爆点 TV 等。许多视频网站如土豆、优酷等的部分视频也已开始支持弹幕功能。弹幕视频实现了观看者之间的互动，大家可以一起表达对作品的赞叹或批评，使观看过程充满乐趣。网友们说：“看视频的时候大家都想找人分享讨论，但是传统的视频留言板和视频本身是割裂的。弹幕网站就像大家在一起看视频，有什么感想随时都可以打在屏幕上，有时候评论比视频本身还要精彩！”台词、特效、服装、剧情都能引发网友的“神评论”，网友们的“吐槽”密集，经常会挡住主角们的脸。虽然这种直接在视频上添加评论的方式也让许多网友不能接受，但喜欢这种方式的人却感觉特别有意思，这也是新媒体时代一种新的视频体验方式。随着网络技术的发展，网络文化的互动性必将越来越强。

（3）共享性

信息和资源的高度共享性是网络文化的又一基本特征。网络有着极其丰富的信息资源，各行各业各种各样的数据、文献不计其数。而互联网有着超强的并行能力，它允许在同一时间内对同一信息源进行同主题的多用户访问，人们可以同时共享这些信息，可以通过互联网随意地搜寻和获得想要的各种资源。

在网络技术的支撑下，网络文化打破了时空界限，超越了国家、地域、种族、文化乃至语言限制，使得不同国家、不同民族、不同意识形态的文化在此共生。正如习近平主席在2015年乌镇世界互联网大会讲话中所说："互联网让世界变成了'鸡犬之声相闻'的地球村，相隔万里的人们不再'老死不相往来'。"共享性也使得网络文化在存在特点与表现形式上都具有极大的趋同性，往往将原本属于个别文化区域的文化资源转变成了所有文化的共同资源。网络远程教育、网络图书馆、网络视频会议等都是网络文化资源共享的表现形式，这大大地拓展了人们选择和利用信息资源的范围、内容，也减少了时间、费用、精力的消耗，提高了办事效率。值得注意的是，网络文化资源的全球共享性也给垃圾信息的滋生和西方意识形态的渗透提供了可乘之机。

（4）快捷性

网络传播最显著的特点是快捷。互联网的传播不受时间和空间的限制，信息的收集、资料的查询变得极其快捷。传统媒介是按月、周、天、时计算传播周期，而网络媒体则是以分、秒来计算的。通过网络，一条热门新闻、一个热点话题、一张特异图片、一段精彩视频可以在一瞬间被全球各地的网民复制转发、评论下载，人们无需面对面地交流讨论，也无需担心印刷、运输、发行等因素，可以随时方便快捷地获取所需的信息。

例如，从传统文学与网络文学的传播速度来看，传统文学的文本传播速度是比较慢的，表现在出版周期长、更新速度慢。而网络文本的传播速度则呈现快捷化的特征，表现在作品上网、读者反馈、文本更新的快捷方便上。作品完成后，网络写手几秒钟即可上传至网上，而在线的网民瞬间就可以看到当天更新的版本，所以一些原创网络文学网站每隔几秒就会有新的文学作品问世。

再如歌曲的传播，一部音乐作品发表之后，通过互联网的快速传播，有的曲子很快就会成为网络"神曲"，进而形成一种流行文化，如《江南 style》《小苹果》《张士超你到底把我家钥匙放在哪里了》，都似乎是一夜之间传遍了大街小巷。

2. 网络文化的精神特征

文化的精神属性体现了文化的价值取向和追求，是文化赖以生存和发展的最本质属性。网络文化的精神属性是网络文化主体通过文化产品表达的价值取向与精神追求。

（1）开放性

以互联网为基础的网络社会是一个动态开放的系统，用户可以自由访问网络上的各种资源，可以发表各种言论，上传各种信息。网络的开放性决定了网络文化的开放性。在互联网上各种不同主题的网站、贴吧、论坛、微博等基本上都是开放性的，网民可以根据自己的需求和意愿自由地选择访问各种信息资源，获取自己想要的信息资料，与世界各地的网民进行沟通、交流、联络。各种思想观点、民族文化都可以在这里找到自己的位置。只要有一台连接互联网的计算机或手机，任何人在任何地点、任何时间都可以自由地表达观点，突破了以前文化的区域性、地域性局限。

（2）平等性

网络文化表现出一种去中心化的特点，具有传统文化无法比拟的平等性。网络早已不再是少数精英人士的专属，而是发展成为大众学习、生活、交流、娱乐、消费的新方式。网络赋予了网民平等的话语权和自由表达权，淡化了人们在现实生活中的身份、地位、财富等方面的差异，打破了传统社会中的门第差异、贫富差距等关系。可以说，“在网络面前人人平等”，无论是学富五车的专家，还是知识浅薄的普通民众，都可以在网络空间学习知识、倾诉感情、消磨时光。

网络文化参与的方式是自由的，交流是平行的，关系是平等的，选择是自主的。在互联网上，任何一个人都可以拥有自己的 QQ 空间、微博、微信朋友圈，可以抛弃任何权威与其他中心，形成一个自我中心。自由与平等是许多人对网络“一往情深”的一个重要原因。网络文化的平等性意味着公平与理解，意味着对权威的可选择性，也意味着开放与原创创新机制的保障。在网络中，人们可以轻易地获得比现实生活中更多的平等权利。

（3）多元性

网络信息来源的开放性带来了网络信息内容的多元性，网络文化的开放性特征使得网络文化成为全世界人人共享的文化，也必然带来网络文化内容的多元性。

网络文化兼容各种价值理念和文化产品。除了“真迹”“母本”之外，几乎所有的文化形态都能存在于网络之中。形形色色的价值理念、文化形式通过网络呈现在人们面前，如传统文化与现代文化、精英文化与“草根”文化、高雅文化与通俗文化等，满足不同价值观念、不同心理需求、不同品位的受众的需求。

多元性也反映在包容性上。网络文化使得人群与人群之间的差异性、创新性、独立性得到彼此的认同，同时网络文化使不同文化冲破了时间和地域的限制，不同文化之间得以互相了解和沟通，其中既有西方文化又有东方文化，既有主流文化又有边缘情怀，既有官方网站和官方微博，又有个人博客和微信，既有阳春白雪又有下里巴人，既有正能量又有负效应。网络文化的多元性促进了不同形态、不同价值的文化之间的作用、冲突与融合，增加了人类对不同文化的认识、了解和吸收，也给文化的创新发展注入了无穷的生机与活力。

3. 网络文化的主体特征

网络文化的主体是参与网络活动的人，网络文化的主体特征是指人在网络活动中表现出来的特征。

（1）个性化

网络文化主体个性化的特征在网络空间得到了淋漓尽致的体现。因为网络是虚拟的、匿名的，这就给人们提供了充分展现自己个性的活动空间和广阔的平台。人们在网络中可以释放出在现实社会中被压抑的自我，甚至可以把自己塑造成一个理想中的自己。

在网络空间里，只要不伤害他人、不越过道德底线、不危及社会，就不必担心受到道德的谴责和法律的制裁，人们可以尽情地展示个性，以个性化的选择、个性化的设计、个性化的表达实现对平常生活的超越。创意无限的网络签名、生动活泼的网络表情符号、个性十足的微信头像等都是网络文化个性化特征的表现形式。网络文化的发展标志着人际关系对时空、利益、亲缘关系的极大解放，是人类趋向真正自由个性时代的开始。人们比以往任何时候都更加容易接纳一些与众不同的观点，不论这些观点有多么奇异。

（2）平民化

网络文化有着极强的平民特征。在互联网出现之前，一般民众主要通过广播、报刊、电视等传统媒介表达意愿，但是各种原因决定了这些渠道基本上被社会精英阶层所垄断，普通民众缺乏话语权。喻国明教授认为："平台和载体的特性对文化本身的原生性有着重要的支撑或是限制作用。在传统媒介通道和容量有限的情况下，出现具有官方认可基因的一元化、专业化、单纯的精英文化是一种必然；而展现原生态魅力、内容丰富多样化、另类、边缘、强调个性化基因的'草根'文化则由于缺乏平台，必然处于压抑、萎缩和不发展状态。"[①]"草根"阶层由于话语权的缺失，往往成为社会弱势群体。

网络给"草根"阶层提供了表达意愿的渠道。在网络上，只要不违法、不触及底线，任何人都可以自由地发表观点，不管是国家大政还是社会热点，抑或是菜篮民生、家长里短，普通百姓都可以评头论足、陈述己见。在网络空间中，人们也不再一味地听从专家学者，对于专家的观点人们往往会进行分析与探究，进而可能从新的角度提出自己的看法，表现出对传统的颠覆和对权威的挑战。微博、公众号、朋友圈等都散发着强烈的个性化与平民化气息，给网络文化的发展注入了新的活力。

（3）集群化

网络文化呈现出多群体化的结构特征。随着网络的普及，网络上逐渐产生了基于相同目的或共同兴趣而建立的团体——网络社群，如"×××微信群""宝妈论坛""×××摄影圈""×××车友俱乐部"等。网民可以根据自己的目的意愿、爱好兴趣加入到相应的群组中，成为其中的一员，成为群体文化的一部分。网络文化的集群性是多样而自由的，网民自己也可以建群和营造部落，邀请志趣相投的人参与其中。在一个文化群体中，既有助于发挥个人力量，又可以利用群体的智慧。尤其是在互联网发展到Web3.0阶段，通过即时通信工具、博客圈、论坛等在网络空间中建立群组极为方便，可以基于共同兴趣、目的主题而建立一个长期的群体，也可以为了一个目标瞬间建立一个新群，如"帝吧出征Facebook"事件中的"帝吧FB出征总群"的QQ群。

---

① 王富强．网络表达视角下草根文化发展探析［J］．湖北社会科学，2013（1）：30－32.

“帝吧出征 Facebook”事件是指有百度第一大吧之称的“李毅吧”吧友于2016年1月20日晚上在三立新闻、苹果日报等的 Facebook 主页大规模刷屏以反对“台独”的事件。《人民日报》对此予以高度评价，对参与的青少年热情洋溢地赞许道：“90后，相信你们!”这次事件就体现了网络文化集群化的特点。“帝吧”是百度第一大吧，早已声名在外。2016年1月19日下午，新浪微博上创建了“帝吧 FB 出征”的话题，很快，来自五湖四海的爱国青年迅速集结在了一个叫作“帝吧 FB 出征总群”的 QQ 群里。最终网友们分成了十多个小组，仅管理人员就达到了90多人。2016年1月20日下午，宣布开展“FB 圣战”，组织“帝吧观光团”刷屏三立新闻、苹果日报等“台独”媒体的脸书“粉丝”页，开展“文化交流活动”。根据参与者的描述，7：00开赴脸书战场，7：00～7：15刷屏三立新闻，7：15～7：30刷屏苹果日报，之后蔡英文的脸书页也遭波及。这次事件中，大家自我约束、有序组织，将大量来自天南海北、彼此互不相识的网友凝聚在一起，表达大家对台湾最朴素的情感，以及对祖国统一最真诚的希望。

三、网络先进文化的内涵解读

习近平主席在2015年乌镇世界互联网大会的讲话中指出：“随着世界多极化、经济全球化、文化多样化、社会信息化深入发展，互联网对人类文明进步将发挥更大促进作用。同时，互联网领域发展不平衡、规则不健全、秩序不合理等问题日益凸显。不同国家和地区信息鸿沟不断拉大，现有网络空间治理规则难以反映大多数国家的意愿和利益；世界范围内侵害个人隐私、侵犯知识产权、网络犯罪等时有发生，网络监听、网络攻击、网络恐怖主义活动等成为全球公害。”的确，网络技术是一把双刃剑，在给人类社会带来巨大福利的同时也带来了许多严重的问题。

（一）网络文化建设中面临的挑战

在虚拟的网络世界里各种文化样式并存，可以说是泥沙俱下。互联网一方面给我国文化发展带来了难得的机遇，另一方面也对民族文化造成了一定的冲击和挑战。

1. 主流意识形态面临挑战

当前社会思想日趋多元化，思想舆论领域的斗争日趋复杂，一些错误的思潮和腐朽的、反动的文化在网上涌动，丑化领袖、抹黑英雄、讽刺传统文化、歪曲历史的现象经常出现，目的是造成人们思想混乱。主流意识形态面临着极大的挑战。

网络在融合全球各民族文化的同时，不同文化之间的对立与碰撞也是不可避免的。而在国际互联网络的传播中，西方发达国家一直利用其信息优势不断传播负载着西方价值观的文化产品，试图把西方文化作为互联网上的主导文化，大量带有强烈西方政治色彩和西方意识形态的内容充斥网络。相比较而言，我国的互联网发展较晚，目前实力不如西方发达国家，这使得我们在与西方发达国家的网络文化交流过程中经常处于劣势。可以说，网络文化是一把双刃剑，一方面各民族文化之间可以互相借鉴，共同发展，但另一方面则会给信息技术相对较弱的国家带来一些不良影响，可能会削弱我们的民族文化认同感，造成民族文化的混乱。

2. 不良文化泛滥

由于网络的特殊性，目前网络监管的力度尚且不够，监管技术也不够成熟，加上一些不良媒体为了提高点击率有意无意地宣扬不良文化，导致各种不良文化现象在网上泛滥，表现在：各种扭曲的价值观、人生观大行其道；拜金主义、享乐主义、恶搞文化、娱乐至死等冲击着我们的传统文化及核心价值观；部分网络文学过分沉溺于玄幻、盗墓、言情、穿越等，思想薄弱，内容苍白，失去了文学的诗意和崇高，在文学发展上埋下巨大隐患；色情文化和暴力文化严重危害网络和社会秩序，间接诱发青少年犯罪事件，成为社会一大公害；反社会、反传统文化的言论混淆视听，造成少部分人是非不明、荣辱颠倒，等等。

3. 网民道德意识弱化

网络文化的传播模式不像传统媒体容易控制，网络使用者也不再只是被动地接受信息，网络使用者的身份虚拟化、匿名化。于是，在互联网这个虚拟又开放自由的空间里，网络使用者一般不再受到现实世界中的种种束缚，部分网络使用者便忽略了现实生活与网络世界中需要遵循的道德准则，不自觉地就做出了一些道德失范的行为，表现在：有些网民抱着“反正谁也不认识我”的心理在网络中污言秽语、见谁骂谁、相互谩骂；有的浏览色情、暴力等不良网站；有的网民自制力低下，沉迷于网络聊天、网络游戏；有的言行偏激，甚至捏造事实，发布网络谣言，混淆视听，加剧了社会诚信危机，危害到社会的和谐与稳定。

（二）特质独具的网络先进文化

先进文化专指中国特色社会主义的先进文化。“社会主义先进文化是以马克思主义为指导，以培育有理想、有道德、有文化、有纪律的社会主义公民为目标，面向现代化、面向世界、面向未来的民族的科学的大众的文化。它植根于中华优秀传统文化，形成和发展于我们党团结带领全国各族人民进行革命、建设和改革的伟大实践，代表时代进步潮流和历史发展要求，在多样化的文化观念和社会思潮中居于主导地位。”①

我国的网络先进文化即中国特色社会主义网络文化，是中国特色社会主义先进文化与网络文化相结合而产生的一种新的文化形态，是我国先进文化的重要组成部分。网络文化的繁荣既提供了机遇也带来了挑战。我们要大力发展网络先进文化，要用正确的思想舆论占领、巩固网络思想文化主阵地。

中国特色网络先进文化除了具有网络文化的一般特征外还有其自身的独特性，主要包括以下几个方面。

1. 坚持以马克思主义理论为指导思想

中国特色的网络先进文化必须以马克思主义理论为指导，这是建设中国特色社会主义先进文化的本质要求。马克思列宁主义、毛泽东思想和中国特色社会主义理论是科学的理论，是我党的指导思想，我国先进网络文化建设也必须以上述理论为指导思想。

要在网络上建立马克思主义文化的宣传阵地。网络中融合着各种不同意识形态的文化思想，资本主义国家以网络为媒介在政治、经济等领域进行渗透的同时

① 中央党校中国特色社会主义理论体系研究中心．大力推进社会主义先进文化建设［N］．人民日报，2012-07-27（1）．

企图用西方的思潮影响全世界。在巨大的挑战下，我国必须在网络上建立马克思主义思想文化的宣传阵地，让全世界都能够了解马克思主义思想的先进性。只有坚持马克思主义在中国特色网络先进文化中的主导地位，才能在种种思想文化相互激荡、碰撞的网络环境中独树一帜，占有一席之地，才能有效地抵制西方文化的侵蚀，保证我国网络文化的先进性。

2. 坚持中国特色社会主义方向

中国特色的网络先进文化必须坚持中国特色社会主义方向。我国是社会主义国家，社会发展的价值目标是建设中国特色社会主义，为确保实现这一目标，必然要加强与之相应的社会主义先进文化建设。因此，当前我国的网络文化建设在认可文化多样化的同时必须坚持与中国特色社会主义相统一的指导思想，从而引导、影响各种非主流文化，使主旋律与多样化兼容并包、有机统一，促进社会和谐、健康地发展。

适应我国社会主义初级阶段的要求，建设网络文化要大力倡导网络精神文明，弘扬中华民族积极进取、自强不息的奋斗精神，树立全心全意为人民服务的观念，从而保证社会主义文化在网络世界中能够有效地传播和发展。

3. 坚持社会主义核心价值观教育

建设中国特色的网络先进文化，要依靠社会主义核心价值观的正确引导。党的十八大报告首次提出要“倡导富强、民主、文明、和谐，倡导自由、平等、公正、法治，倡导爱国、敬业、诚信、友善，积极培育社会主义核心价值观”。这是对社会主义核心价值观的最新概括，为培育社会主义核心价值观奠定了基础。社会主义核心价值观是兴国之魂，决定着中国特色社会主义的发展方向。建设网络先进文化，要深入开展社会主义核心价值观的学习教育，积极培育和践行社会主义核心价值观，用社会主义核心价值观引领社会思潮、凝聚社会共识。

当前，我国的网络先进文化建设面临着各方面的挑战。在价值取向多元化的网络环境中，我们更要加强社会主义核心价值观教育，使网络主体能够时刻保持主流意识形态，牢固树立社会主义核心价值观。坚持社会主义核心价值观的教育，才能在根本上解决网络主体面对价值多元化的选择中出现的困惑与问题，才能在西方价值观的冲击和挑战下合理应对并坚持社会主义核心价值观。

4. 继承和发扬中华民族优秀传统文化

中国网络先进文化应当是继承和发扬中华民族优秀传统文化，具有中国特征、中国风格的文化。受西方思潮的影响，网络文化曾经有种特别强烈的“去边界化、去民族化”的倾向。这是一种错误的观点，正如鲁迅先生在《且介亭杂文集》中所说：“只有民族的，才是世界的。”网络文化中多元化文化的共存并不是要我们放弃民族性。

2014 年 3 月 27 日，习近平主席在巴黎联合国教科文组织总部的演讲中说：“中华文明经历了 5000 多年的历史变迁，但始终一脉相承，积淀着中华民族最深层的精神追求，代表着中华民族独特的精神标识，为中华民族生生不息、发展壮大提供了丰厚滋养。中华文明是在中国大地上产生的文明，也是同其他文明不断交流互鉴而形成的文明。”中华传统文化源远流长、博大精深，为网络先进文化的建设提供了丰富的内容，为网络文化的创新提供了源头活水。把中国的传统文化注入网络文化中，不仅可以体现其民族性特征，更可以使中国文化走向世界，增强中国文化软实力。因此，中国特色的网络先进文化应当立足现实，对中华民族的历史文化传统取其精华、去其糟粕，使中华民族的优秀文化成为中国网络先进文化的有机组成部分。中国特色的网络先进文化应依托民族传统文化优势资源，集中展示中华五千年文明，大力弘扬和培育民族精神，体现中华民族的主流价值观念和高尚的道德追求，使中国特色网络文化具有鲜明的文化个性、强大的文化亲和力与凝聚力。

5. 以满足人民群众日益增长的精神文化需求为目标

我国网络先进文化要植根于广大人民群众之中，反映并满足最广大人民的根本利益和需要。正如习近平主席在 2015 年乌镇世界互联网大会上的讲话中所说：“‘十三五’时期，中国将大力实施网络强国战略、国家大数据战略、‘互联网+’行动计划，发展积极向上的网络文化，拓展网络经济空间，促进互联网和经济社会融合发展。我们的目标就是要让互联网发展成果惠及 13 亿多中国人民，更好地造福各国人民。”

网络技术的广泛应用促进了人类精神文化活动向互联网的延伸，人民群众的网上精神文化需求增长迅速。中国特色的网络先进文化应代表我国最广大人民的根本利益，满足人民日益增长的精神文化需求。要敏锐捕捉网络技术发展的动向，关注人民群众的需求，运用新技术，开拓高品质、多样化的文化产品，不断丰富人民群众的精神文化生活。网络先进文化未来发展的方向应该是使全体人民群众都能够充分地参与网络文化建设，更充分地享受网络文化成果，在网络文化发展的参与和网络文化成果的享受上更加体现公平。

6. 海纳百川，融合东西方文明

海纳百川，有容乃大。先进的网络文化就是要海纳百川，吸纳融合世界上一切优秀的文化。中国特色的网络先进文化应当是着眼于世界科技文化发展前沿，吸收国外一切优秀文明成果的开放的文化。

中国共产党历来非常重视学习和吸收世界优秀文化成果。改革开放以来，顺应世界文化的发展趋势，中国共产党鲜明地提出要吸收国外一切优秀的文化成果。党的十六大报告指出："互联网站要成为传播先进文化的重要阵地，立足于改革开放和现代化建设的实践，着眼于世界文化发展的前沿，发扬民族文化的优秀传统，汲取世界各民族的长处，在内容和形式上积极创新，不断增强中国特色社会主义文化的吸引力和感召力。"党的十八大报告中也强调："扩大文化领域对外开放，积极吸收借鉴国外优秀文化成果。"习近平主席 2014 年 3 月 27 日在巴黎联合国教科文组织总部的演讲中说："文明因交流而多彩，文明因互鉴而丰富。文明交流互鉴，是推动人类文明进步和世界和平发展的重要动力。""历史告诉我们，只有交流互鉴，一种文明才能充满生命力。只要秉持包容精神，就不存在什么'文明冲突'，就可以实现文明和谐。"

我们要以开放的眼光、恢宏的气度批判地吸收和借鉴人类社会创造的一切文明成果，并立足实践加以融会贯通和发展创新，使东西方文化在不断交汇的过程中相互融合，在网络的交流中、在思想的碰撞中寻找东西方文明的契合点，给网络先进文化的建设注入新的活力，在世界各种思想文化的相互激荡中更好地发挥自己的优势，繁荣和发展我国的网络先进文化。

参考文献

[1] 王美景．当代中国网络文化建设的价值导向研究［D］．西安：西安外国语大学，2016.

[2] 万峰. 网络文化的内涵和特征分析 [J]. 教育学术月刊，2010 (4)：62-65.
[3] 赵永生. 论中国先进网络文化的科学内涵和先进性 [J]. 社会科学论坛，2010 (5)：184-186.
[4] 彭兰. 网络文化的主要形式及其特质 [J]. 秘书工作，2011 (9)：16-18.
[5] 庹祖海. 网络时代的文化思维 [M]. 北京：北京邮电大学出版社，2011.
[6] 董程霞. 发展健康网络文化的研究 [D]. 杭州：浙江理工大学，2012.
[7] 宿钟方. 试析我国先进网络文化的构建 [J]. 中共太原市委党校学报，2013 (3)：23-25.
[8] 张凯智. 中国特色网络文化建设的思考 [D]. 大连：大连海事大学，2013.
[9] 王琳. 以社会主义核心价值体系引导网络文化建设研究 [D]. 太原：中北大学，2014.
[10] 刘文佳. "微文化"：当下文化之名片 [N]. 中国青年报，2015-01-05 (2).
[11] 陶东风. 理解微时代的微文化 [J]. 中国图书评论，2014 (3)：4-5.

第二章　认知网络先进文化的作用

2015年12月，国家主席习近平在乌镇世界互联网大会上针对网络先进文化建设的重要讲话中指出："打造网上文化交流共享平台，促进交流互鉴。文化因交流而多彩，文明因互鉴而丰富。互联网是传播人类优秀文化、弘扬正能量的重要载体。中国愿通过互联网架设国际交流桥梁，推动世界优秀文化交流互鉴，推动各国人民情感交流、心灵沟通。我们愿同各国一道，发挥互联网传播平台优势，让各国人民了解中华优秀文化，让中国人民了解各国优秀文化，共同推动网络文化繁荣发展，丰富人们的精神世界，促进人类文明进步。"习近平主席关于网络先进文化的重要讲话很好地诠释了网络先进文化建设在网络强国发展中的重要作用。无疑，全面实施网络强国战略需要网络先进文化的引领。

一、网络先进文化为网络强国勾画崭新的发展蓝图

依托具有高科技成果的互联网载体，培育以中华文明为底蕴的网络先进文化意识，传播先进思想、文化、风俗民情，表达看法观点，形成一道崭新的先进文化传播的风景线，与此同时，不断发展和壮大网络先进文化产业，增强网络先进文化的影响力和魅力，是我国从网络大国不断迈向网络强国的根本路径所在。

（一）网络先进文化是先进文化在网络空间的重要形态

目前，我国在互联网的用户规模、互联网交易额尤其是手机网民数量等方面

均处于全球排名第一的位置，毫无疑问，网络大国已经名副其实。2016年7月中国互联网信息中心发布的《第38次中国互联网络发展状况统计报告》表明，我国信息化、网络化进程正在稳步向前发展，我国网络大国的地位随之愈加稳固。我国网络基础资源不断蓬勃发展，企业互联网使用比例创历史高位，网民数量超过人口半数等，无不表明我国已经成为国际信息化社会进程中最具生命力的力量。尽管如此，我国在互联网的核心技术、互联网规则制定、平台的发展战略和治理水平以及“走出去”等方面还比较落后。实现网络自主，提升民族自信，关键在于文化自信，而网络空间资源的较量说到底依然是先进文化的较量。

2015年11月12日，国家网信办召开网络文化传播工作者“学习十八届五中全会精神，推进网络强国建设”座谈会。15名来自网络文化领域的专家学者围绕“繁荣网络文化，建设网络强国”的主题展开了激烈的讨论。国家网信办副主任任贤良出席座谈会并讲话，他强调：“繁荣网络文化、建设网络强国，一要把握大局，切实增强使命感，网络文化传播工作者要主动融入建设网络强国的历史进程，为建设网络强国做贡献；二要珍惜机遇，发挥优势，着力促进网络文化繁荣发展；三要提升能力，率先垂范，传播主流价值。”这些举措可以说正是用行动证明了先进文化在网络空间发挥的重大作用。先进文化在网络空间的重要性体现在如下几个方面。

1. 网络先进文化是我国网络空间实力的有机组成部分

网络强国有两个重要的评价指标：一个是硬实力，另一个是软实力。就网络空间而言，构筑网络空间的基本资源、网络军事力量、网络产业力量和技术力量等要素自然成为网络空间的硬实力；而关于网络空间的先进文化则属于软实力的范畴，它具有导向力、吸引力、同化力、亲和力等影响效能。由此可见，网络先进文化是我国网络实力的有机组成部分，要想全面构筑网络强国，必须培育和发展网络先进文化意识，切实发展和壮大我国网络先进文化产业，提升我国网络先进文化的影响力。

2. 先进文化需要适应网络空间的快速发展

网络强国战略的实现离不开先进文化在网络空间的发展和推进。网络空间本该是人类现实空间的延伸，但随着科技的发展，网络空间已出现超越并主导现实空间的趋势，网络空间的博弈将会是全球博弈的全新主战场。先进文化应主动响应网络时代的召唤，不缺席网络建设的主战场。而网络先进文化战略无疑是网络强国生根发芽的深厚土壤，先进文化建设也因此有了网络时代的新担当。

3. 网络空间需要抵御文化霸权的先进文化

自20世纪60年代互联网诞生起，人类便开启了构筑网络空间的步伐。经过半个多世纪的发展，网络应用已经渗入人类社会的骨血之中。然而，现实问题则是人类网络文明远远落后于网络科技的发展，具有诸多不成熟的方面，如各国对于数字领域、网络主权、治理规则、监测边界等方面的争论至今尚无定论。在互联网不断发展的今天，人类已经身处一个全方位的信息爆炸的大时代。由于信息总量的无限丰富性、信息制造的无限快捷性、信息传播的无限广阔性三大特性，传统的信息处理及加工方式必然无法适应信息的发展趋势，而基于计算机程序的自动化、标准化以及兼容化信息加工方式也就应运而生，成为网络先进文化的必然选择。具有科技发展优势的美国在网络空间领域继续推行霸权主义文化，严重破坏了开放、自由、共享等互联网文化发展的核心和精髓。一直以来，美国依靠科技上的垄断优势，不仅主导着全球网络空间管理的特权，而且对内对外奉行双重标准，长期以民主自由、国家安全之名在网络空间领域行使霸权。尤其是2013年“棱镜门”事件的爆发表明这种网络霸权文化、网络殖民文化已经不得人心。毫无疑问，美国在网络空间领域的公信力和主导地位也会随之发生前所未有的动摇。

4. 我国的先进文化需要在网络空间传承

近年来，我国在网络空间领域不断发展壮大，这不仅为重塑全球网络空间管理秩序提供了契机，更为以中华文明为底蕴的网络先进文化提供了更为广阔的发展空间和良好的发展机遇，并不断推动了重建全球网络空间新秩序的进程。网络先进文化是先进文化在网络空间的传承，不但可以为我国成为网络强国、和平崛起营造良好的舆论氛围，还是维护世界网络空间和平、有序、健康发展的有效途径。我国自古就是文化强国，中华文明源远流长，之所以能够历久而弥新，关键在于其优秀的文化基因。尤其是现在围绕我国社会主义核心价值体系，先进文化有着强大的生命力，所以先进文化要牢牢抓住网络空间这个土壤，确保网络真正成为传播社会主义核心价值体系的空间平台，成为弘扬优秀的中华文明和中华民族传统美德的重要媒介，让我国的优秀传统文化能够在网络空间遍地开花，真正从先进文化领域打造强国路线。

5. 网络先进文化是我国网络强国战略的精神支撑

由于我国传统文化产业走出国门的竞争力不强，影响了我国文化软实力的提升。当今，网络空间成为文化生产、传播和消费的重要途径和空间，与此同时，网络传播的迅猛性也极大地突破了时间和空间的限制，更进一步凸显了文化软实力的重要性。2011 年 11 月党的十七届六中全会通过了《中共中央关于深化文化体制改革推动社会主义文化大发展大繁荣若干重大问题的决定》，其中重点指出："加强网上思想文化阵地建设，是社会主义文化建设的迫切任务。"当前我国先进文化建设的迫切任务就是要不断加强网络领域的思想文化阵地建设，占领好网络空间这个阵地。而为了适应互联网的快速发展，提升国家文化软实力，发展健康向上的网络先进文化就变得极为迫切。这充分体现了我们党拥有高度的文化安全意识和文化自觉性，对在现代信息化条件下要着力发展文化实力的时代趋势有了准确的把握。为着力推动社会主义先进文化进一步发展，以便更好地满足我国人民日益增长的精神文化需求，实现全面建设小康社会，促进社会和谐稳定，大力发展网络先进文化势在必行。2014 年，习近平主席在我国举办的首届世界互联网大会的贺词中指出"建立多边、民主、透明的国际互联网治理体系"，获得了参会各国的普遍认同，更是在文化层面展示了我们的自信。网络先进文化作为一种具有无限生机的新型文化，其巨大的社会影响力正日益凸显，我们要深刻认识新形势下发展网络先进文化的重要性和紧迫性。

正是网络时代的到来，先进文化才能够从不同领域、不同层次、不同结构渗入网络领域，占领网络空间，这必将提升我们的网络政治话语权，是网络强国的坚实基础和重要阵地。近年来我国在不同专业领域、不同层面的网络空间领域都获得了巨大的发展，尤其是重点新闻网站的数量和质量都得到了很大的提升，其影响力和威信度也得到了很大的提高，在我国网络先进文化建设中发挥了主力军的作用。正如 2008 年北京奥运会开幕式的全球网络直播，张艺谋、王潮歌导演团队创造了在咫尺天涯、方寸之间书写的中国画卷，在给世人带来一场视觉盛宴的同时更是通过网络媒体向世界展示了我们国家有这样的先进文化和优秀文明，我们可以这么精致地展示我们的传统文化，我们拥有这样的文化情怀，这无疑是利用信息网络时代的空间影响力向世界展示我们的先进文化的最好的实例。目前，以中央重点新闻网站为主力，以地方重点新闻网为前锋，知名商业网站积极参与配合的网络文化阵地新格局已经基本形成，这些网络领域的发展充分验证了先进文化在网络空间的重要作用。

（二）网络先进文化在综合国力竞争中的作用更加突出

文化是国家的软实力，而处于网络时代背景下的先进文化在综合国力竞争中的地位和作用越来越重要。胡锦涛同志曾提出当今时代文化“越来越成为综合国力竞争的重要因素”。习近平总书记强调：“要有丰富全面的信息服务，繁荣发展的网络文化。”这些强调的都是在当今信息化时代背景下，要想增强我国的综合国力，迈向网络强国，其中一个重要的举措就是大力发展网络先进文化。互联网已经成为中国对外开放的重要窗口和门户，同时也是国际社会观察和瞭望我国社会并与之发生互动的一个无限宽广的平台。开放不仅仅是经济层面，更是一种先进文化带来的能力。先进文化以网络为媒介的发展对我国综合国力的影响无疑更加突出。

1. 文化对综合国力的影响

哈佛大学教授约瑟夫·奈指出：一个国家的综合国力，不仅包括由经济、科技、军事凸显出来的“硬实力”，更包括由文化、思想以及意识形态吸引力体现出来的“软实力”。当前，各国之间综合国力的竞争日益激烈。文化不仅是民族凝聚力和创造力的重要源泉，同时也是增强综合国力的重要力量，是经济社会发展的重要支撑。因此，文化软实力是国家综合国力的重要组成部分和标志，是推动经济发展的强大动力，是影响政治进步的重要力量，是维护社会稳定的必要前提，是提高人的素质的有力杠杆，在综合国力中具有十分重要的地位和作用。当今世界，综合国力竞争中文化软实力的地位和作用越发凸显。

汉斯·摩根索在《美国的国家利益》中将国家利益分为三个方面：领土完整、国家主权和文化统一。从这一分析可以看出，文化是国家利益最基本的要素，在信息化时代通过网络空间平台把握文化软实力的发展，不仅是维护国家利益的基本途径之一，也是在新的形势下建设网络强国的趋势。“若是没有网络，我可就成为现代版漂流在海面的鲁滨逊啦!”这是一个在读的高校大学生对这个时代网络重要性的感叹。网络为这个时代带来革命性的推动力，这是任何一个国家都不愿失去的“黄金年代”。同时，网络因其独有的多维空间，的确存有诸多环节的不可控因素。对我国而言，网络绝非是大数据、云计算及 IP 协议等形成的虚拟概念，而是真正能够进入各层次、各领域的关键要素，更是片刻都不能马虎的安全抓手。习近平总书记强调：“网络信息是跨国界流动的，信息掌握的多寡日渐成为国家软实力以及竞争力的重要标志”。①

2. 网络先进文化对综合国力的影响

首先，以网络为媒介的文化比传统的传播方式以更快捷、反应更迅速的特性而对综合国力产生巨大影响。处于当今的网络时代，互联网能对社会政治、经济、文化等层面的信息作出迅速反应，并据此形成舆论热点。我国互联网发展势头迅猛，网络舆论对政治、经济、社会生活的影响力也在不断扩大。网络成为人民群众表达意见的一个重要途径。网络文化强大的影响力和动员力如能善加利用，对政治、社会、军事、外交等的影响也将是巨大的。网络先进文化作为中国特色社会主义文化的重要组成部分，必须要坚持用社会主义核心价值体系来引领网络文化建设，发展以爱国主义、集体主义、社会主义为核心的网络文化，培养民众对先进文化的认同，这是聚合社会力量、增强民族凝聚力和创造力的重要途径。我国作为网络大国，网民数量居世界第一位，更要通过网络先进文化提升思想道德素质，发挥网络先进文化应有的作用，增强民族凝聚力和创造力，进而增强我国的综合国力和国际竞争力。

其次，以网络为媒介的先进文化比传统的传播方式以更具开放、超越时空传播的特性而对综合国力产生巨大影响。回顾古今中外的文化发展史不难看出，凡是先进的文化都是生命力旺盛的文化，更是开放性的文化。而在当代中国，先进文化更具有强劲的生命力。随着网络时代的到来，世界各国、各民族、各个形态的文化的相互交流、创造可以超越时空局限，不断促进不同文化之间的相互交融和共享，增进先进文化的开放和共享。依托网络平台的开放特性，我国的先进文化思想可以传播出去，走出国门，迈向世界，同时我国也可以尽情吸纳世界优秀

① 熊英，张君昌．传统广播与新媒体融合的主打方向［J］．中国广播，2014（3）：94.

文化成果，丰富我们的文化生活方式，提高人们的精神境界。

再次，网络信息容量丰富，复制下载方便，与多媒体融合，交互性强，作为一种新的文化传播方式得到越来越多的运用。网络作为新的文化传播媒体打破了国家和地域的限制，具有传播速度快、时效性强、信息容量大、覆盖范围广的特点，加之高度的开放性和交互性，很快成为继报纸、广播、电视之后的“第四媒体”。在网络世界里，跨越了对年龄、经济能力、文化消费的限制，享用文化艺术的成果已经不再是少数文化精英的特权。每个网民都是自己文化的解读者，都可以通过网络分享文化艺术，通过网络平台传送自己赞同的文化观和思想观。例如，我国特色的文化以往被西方不接纳、封锁，甚至被认为是落后的文化，通过传统的传播方式无法传达，不能让世界真正了解我们文化的先进性，而有了网络平台后，就可以通过网络输送和传播，让更多的人了解我们的先进文化。又如网络语言，其具有风趣、幽默的特性，传播非常快捷，覆盖也相当广阔，这无疑给我国汉字的传播带来了新的活力，不仅有利于文化创新和交流，也让我国的汉字文化更富有朝气和活力。中国特色社会主义先进文化因为有了网络平台可以极大地传播和扩散，在不同层次、不同领域提升了我国的综合国力。

最后，网络多样化的传播媒介拓宽了先进文化建设的对象。随着网络对象、主体的增加，文化传播的范围、对象也不断拓宽。近年来，伴随着网络科技的发展，各种新型的文化传播媒介也运而生，如 E-mail、BBS、手机、QQ、微博、微信等，都可以在手机、电脑上得到广泛应用，而手机的用户群更是非常之大，各个年龄段、各个阶层的人都有，因此先进的文化可以得到广泛的传播。伴随互联网的发展，教育传播有了更多的发展途径。应用互联网的人群分布极其广泛，年龄层次不乏青年、中年以及部分老年层，文化水平上不仅有高级知识分子，也有农民工等。互联网人群分布的广泛性、网络本身的开放性和平等性等使更多的人享受到教育，得到优秀文化的滋养，有力地传播了先进的优秀文化。

二、网络先进文化为网络强国指引正确的前进方向

网络强国战略是中国梦在互联网时代的新视角，更是中华民族全面复兴在网络空间的新版本。在我国五千多年文明发展的历程中，各族人民共同创造出源远流长、博大精深的中华文化。随着互联网科技的不断发展和广泛应用，以网络为

媒介的文化已经深深地渗入人们的思想观念、生活方式和精神世界。只有大力建设网络先进文化，让先进文化在网络空间占有优势地位，才能跟上时代发展的脉搏，最终实现网络强国的战略目标。

在当今信息时代背景下提升国家的文化软实力，无疑要着力发展网络先进文化，这不仅是文化领域建设的重点，也是我国构建和谐社会战略思想的重要组成部分，更是实现中华民族伟大复兴的重要前提。培育以先进文化为底蕴的网络文化不仅是抗衡当前霸权主义网络文化的良策，也是走向网络强国的必由之路。要想全面建设网络强国，就必须加快我国网络先进文化建设的速度。只有文化产品传播力提升了，才有望在网络空间主导话语权，进而为网络强国战略指引正确的发展方向。在建设我国网络强国的过程中，我们要进一步解放思想，转变观念，积极主动地利用好网络这块思想文化阵地，大力推动网络先进文化繁荣发展，更好地为党和国家的大局服务，为改革开放和社会主义现代化建设服务。

（一）把握网络强国的发展趋势

网络先进文化是我国文化建设和发展的新形态，构筑网络强国不能忽视网络文化这一新领域，加强网络先进文化建设对传播社会主义核心价值观、社会主义先进文化和中华传统文化，提升中华文化国际影响力具有重要的现实意义。网络先进文化建设以社会主义核心价值观为指导，用优秀文化产品充实网络文化内容，扩大网络文化的覆盖面，提高网民素质，加强网络人才队伍建设，最终为强国战略指引方向。我们要树立以中华民族文化为根基的意识，充分发掘中华传统文化的优势，切实发展和壮大我国网络先进文化，让以先进文化为底蕴的网络文化构筑和引导网络强国建设。

1. 网络先进文化深入政治领域，增强我国政治实力

在政治方面，网络先进文化的影响力表现为对内政治统治的增强和对外吸引力、同化力的增强。大力发展网络文化可以增强对政治资源的支配。人类文明的进步史充分表明，凡是进步的民族、可持续的文明，均蕴含着先进文化中正确价值观的积极引导。

对于国内来说，在社会意识如此多元和文化如此多样的今天，网络不仅要成为民族文化繁荣发展的手段，更要成为传播社会主义核心价值观的有力工具，为

增强中华文化软实力创造条件。在网络先进文化建设中要积极引导正确先进的社会主义核心价值观，始终把社会主义核心价值观作为主旋律，并牢牢把握价值观的正确方向，努力引导网络强国的正确发展路线。要真正做到贴近群众的实际生活，让人民群众对未来发展充满信心，并进一步加强对网络社会热点的积极解读，不断通过网络技术监管加强对网络舆情的管理，进一步改善网络环境的生态和谐。要发挥网络平台广泛的传播和快捷的速度优势，做好科学理论和先进文化思想的传播，并以科学的精神，通过塑造美好的心灵、弘扬社会正气等方式创造积极的网络主流舆论平台，巩固马克思主义在意识形态领域的指导地位。我国先进文化要牢牢借助网络平台，增强党的创新理论的说服力、社会主义核心价值体系的影响力、主流意识形态的指导力，增强我国的政治实力。

对于国际来说，在经济全球化、网络繁荣发展的今天，经济和文化在国际网络舞台上的分量逐渐加重，慢慢成为决定国家政治领域斗争胜负的重要因素。国家的政治形象、国家的政治文化吸引力都要取决于本国文化能否在网络空间领域占有主动权和话语权。文化的力量不仅仅是吸引与同化，谁的文化能够占领网络阵地，谁就掌握文化的主动权，就能掌握国际规则的制定，谁的政治实力就越强。

2. 网络先进文化渗透经济领域，增强我国经济实力

先进文化通过影响经济社会发展和其他国力要素最终增强我国国际竞争力。经济无疑是综合国力的基础要素。在网络如此发达的今天，网络先进文化对经济的影响越来越大，而且越来越深入。具体来说，网络先进文化作为一种精神层面的符号、文化力量、产品和服务无疑关系到我国的国际影响力、国际竞争力和国际地位。网络先进文化能够为社会塑造良好的价值观念，推动经济活动顺利发展。网络先进文化以中国特色社会主义文化为基础，借助网络传播快速、便捷、交互性强、内容丰富的特点能够形成强大的经济导向，引领社会朝正确健康的方向发展。因此，以强大的网络先进文化为指引，对于经济的发展是一种良好的推动。

具体来说，在网络文化产品和网络贸易国际市场迅速扩大的今天，一个国家的网络文化产品和服务进出口的规模及其在国际市场所占的份额越来越成为贸易实力、经济实力的重要组成部分，不断影响着综合国力的提高。虽然我国网络文

化贸易起步相对较晚，但是发展迅速。近几年，我国对外网络文化产品贸易的领域和渠道大为扩展，取得了良好的社会效益和经济效益。我们不仅要进一步发展文化贸易，更要让网络先进文化成为一种精神符号渗入其他的贸易中去。同时，先进文化产品和服务承载着我国的文化理念、文化价值和文化追求，反映着国家的文化软实力，因此推动我国更多的文化产品和服务走出去，还起着不断扩大我国先进文化国际影响力、增强国家文化软实力的重要作用。

网络先进文化对我国经济越来越大的影响力具体还表现在文化不断为经济提供人才、科技、创新的思维支撑，促进经济发展水平和质量的提高。在科技进步和知识经济迅速发展的今天，网络先进文化在经济领域、经济活动中的渗透无处不在。诸如先进文化对产品的塑造、文化人才的智慧劳动、科技创新的价值、文化创意设计、品牌的文化构思、地方特色经济与文化的结合等，无不体现出先进的文化资源不断地转变为经济资源，促进着经济价值的倍增、经济素质的提高和经济竞争力的增强。另外，先进文化产业还可以促进经济发展及其结构优化。网络文化的消费不仅满足了人们精神文化的需要，同时作为一种内需拉动经济的发展。

3. 网络先进文化占领网络阵地，把握网上舆论主动权

网络文化阵地，顾名思义即登载新闻的网站、各类商业领域的网站及国家政府相关网站等，这些不同文化领域的网站无疑是我国网络舆论的主阵地。让先进文化占领网络舆论阵地，对我们迅速地掌握网络阵地的主导权和主动权以及正确引导网络舆论这块阵地具有非凡的意义。尤其是近年来，互联网媒体迅猛发展，更加鲜明地看出我国的传媒主角在国内以及国际领域发挥的重大作用。如发生在2008年的汶川大地震，地震6分钟后网上就有报道，18分钟后通过网络平台全世界都获知了这一灾难性消息。不仅如此，诸如2008年北京奥运会、每年的春节晚会，在全世界范围内数以亿计的人都能通过网络媒体收看，从中发现中国的文化、欣赏中国的文化，这些无疑是通过网络平台让世界了解中国优秀文化的最好的实例。网络平台传播的宽度、广度、速度、深度以及特有的互动交流性等特性均对优秀文化的传播和发展产生巨大的影响力。网络阵地既是文化信息传播的集散地，也是社会舆论声音的放大器，这就给那些利用网络平台的不怀好意者提供了机会。例如，网络“推手”出现，不断误导社会舆论，不断发酵某事件，

以达到推波助澜的目的；还有一些别有用心者企图变相丑化国家形象和改革开放事业等。如果任由错误思想和虚假信息泛滥，势必影响和谐社会的建设。我们要树立网络先进文化的阵地意识，要以战略的眼光发展网络技术新业态，占领网络信息传播制高点，积极对舆论进行正确引导，并旗帜鲜明地应对各种挑战。“加强网上思想文化阵地建设，是社会主义文化建设的迫切任务。”因此，我们必须加强网络先进文化阵地建设，掌握网络舆论的主动权和主导权。有了网络舆论的主动权，在国际社会的话语权必然增强，这也是从文化自信走向文化自强、真正依托先进文化建设网络强国的时代要求。

4. 先进文化占领网络阵地，可以塑造国家的良好形象

在网络成为第四类新型媒体并快速传播的今天，要想实现网络强国，就要不断借助网络媒介形成强大的先进文化舆论力量，塑造良好的国家形象，赢得国际社会的肯定。文化是国家形象中重要的组成部分。国家积极形象的塑造主要是通过交往、文化的传播、交流及沟通等方式展现本国的经济、政治、文化状态和主观意图，使外部公众产生好感并得到认同。具备良好的国家形象，要求必须增强自身的硬实力和文化软实力，以优秀的民族传统、先进文化产业进行对外交流，依托网络媒体与平台凸显社会主义的优越性，不断吸引外界的关注、接纳，并使之从内心认同。如通过网络平台宣传中国“以和为贵”的优秀传统文化，传递出一种正面积极的国家形象。[①] 2012 年 1 月 17 日，由中国国务院新闻办公室筹办和拍摄的《中国国家形象宣传片——人物篇》在美国纽约时代广场大型电子显示屏上播出，片中中国不同领域的先进代表一一亮相，让更多的美国观众甚至全世界观众直观、立体地了解中国国家新形象。而中国国家形象宣传片放在胡锦涛同志访美前在美国亮相，此举正是借助网络文化平台对国家形象的积极宣传，产生了良好的影响和效果。

（二）依托网络先进文化做好网络强国的顶层设计

网络强国顶层设计需要依托网络先进文化的大力引领，表现在以下几个方面。

---

① 吴友富．中国国家形象的塑造和传播［M］．上海：复旦大学出版社，2009：17.

1. 重视网络技术研发的顶层设计

核心技术自主创新是建设网络强国的关键。实施网络强国战略，网络信息技术可谓重中之重，核心技术则是发展的最大“命门”，核心技术受制于人是最大的隐患。要牵住核心技术的“牛鼻子”，就要立足自主创新，自立自强，在独有独创上下功夫；要超前部署、集中攻关，力争在重点领域实现“弯道超车”，掌握我国互联网发展主动权，保障互联网安全、国家安全。当前，互联网核心技术基本上都由发达国家掌握，互联网的核心硬件、网管设备及日常大量使用的软件大多为外国企业生产，因此造成我国信息技术行业对外依赖性较强。在2015年信息产业部科技发展“十三五”规划和2020年中长期规划纲要中，网络和通信技术、计算机技术及网络和信息安全技术等被列为信息产业技术发展的重点。另外，下一代网络、网络和信息安全、家庭网络智能终端等内容被列入13个重大项目之中。提升自主创新能力，在网络信息科技领域能够占据一席之地，无疑是建设中国特色社会主义网络文化、也是维护国家文化安全的硬武器。

2. 抓好综合国力及国际竞争力的顶层设计

网络先进文化作为信息化时代的一种精神力量，直接关系我国的国际影响力、综合竞争力及国际地位。当今互联网时代，网络文化在综合国力竞争中的地位和作用更加凸显，作为一种以电子为媒介的高科技文化也逐渐成为人类文化生活中不可缺少的一个重要组成部分，给人们带来了一种全新的文化体验。各国纷纷抓住网络空间的平台，把提高国家文化软实力作为主要发展战略，千方百计增强本国文化的整体实力和国际竞争力，力求在日益激烈的综合国力竞争中赢得主动权。作为中国特色社会主义文化建设中的重要组成部分，网络先进文化是中国特色社会主义文化建设中的新生力量，在中国特色社会主义文化中扮演着越来越重要的角色。胡锦涛同志在中共中央政治局第三十八次集体学习中强调：“加强网络文化建设和管理，充分发挥互联网在我国社会主义文化建设中的重要作用，有利于提高全民族的思想道德素质和科学文化素质，有利于扩大宣传思想工作的阵地，有利于扩大社会主义精神文明的辐射力和感染力，有利于增强我国的软实力。”对此，我们必须以高度的文化自觉和文化自信不断提升国家文化软实力，在网络时代背景下紧紧抓住网络信息平台，站稳网络舆论阵地，不断加强对外宣传和文化交流，大力开展创新文化“走出去”活动，推动先进文化走向世界，增强和扩大我国先进文化的国际影响力，增强我国文化产业的综合竞争力，为世界和谐和人类文明进步做出更大贡献。

3. 抓好教育强国战略的顶层设计

充分利用网络新技术，更好地发挥文化的力量，对我国的教育事业有巨大作用。如网络科技的出现使爱国主义教育变得具体化，原来刻板枯燥的书本知识通过网络电子书、网络视频、网络课程、网络歌曲、微电影来展现，变得更加生动鲜活，同时更易于让大众理解接受，特别是对于幼儿园、低年级的学生来说，更具有吸引力，并且通俗易懂，使爱国主义教育真正做到了内容和形式的统一。网络技术的进步和发展让越来越多的人可以接受更好的教育，除了正规的学校层面的教育，还有其他不同形式的教育，如岗前培训、各个领域的培训提升教育、精英教育、特殊人才培养及终身教育等。由于网络科技带来的便利，不会因为时空的限制、年龄的限制、职业的不同、社会经济地位的差异等造成教育的不平等，使得更多人提升了自己的受教育水平，甚至世界上每个角落的人都能获得受教育的机会。这无疑会提升国家整体的教育水平。因此，要充分利用网络进行坚实的基础教育、终身学习、全民学习，发挥网络先进文化的正能量作用。也唯有如此，才能更好地通过网络先进文化促进和提升人们的思想道德素质、科学文化素养，这无疑对我国的教育强国战略的顶层设计作用重大。

4. 做好提升我国文化软实力的战略设计

尽管我国拥有悠久的历史文明，但仍然不是一个现代文化强国。当今，以美国为首的西方发达国家凭借自身雄厚的经济实力和发达的网络信息技术带来的文化传播优势强行推行文化霸权主义和文化殖民主义，不断地将大量的精神文化产品、政治理念、价值观念等通过网络平台输入别国，以实现“和平演变”的政治企图。数据统计表明，网络上55.7%的信息是英文信息。可以看出，西方媒体在国际互联网领域占有强有力的优势。因此，我们要从未来文化发展战略的高度，以科学的态度和全新的观念面对和关注网络文化，以中国特色社会主义先进文化为指导，运用网络科技平台，大力发展网络先进文化，积极努力参与到世界网络文化竞争中，不断向全世界展示中国的先进文化，弘扬我们的传统文化。大力发展网络先进文化，不仅关系到国际文化力量的优势对比，也关系到国际文化格局的重构和公正合理的网络国际文化新秩序的建立，更关系到我国优秀传统文化的世界影响力以及中华民族在世界民族中的国际形象。发展网络先进文化，是在对外文化交流和融合、吸纳各民族文化中的长处、站在世界文化发展的前端，能够与世界各民族优秀的文化进行平等对话、共同繁荣并且相互融和，以及共同创造人类新文化的重要举措。大力发展网络先进文化不仅能够提升我国文化软实力，也是维护国家主权的重要战略途径，是全球化进程中中西方文化既竞争、斗争又合作、共荣的需要。

三、网络先进文化为网络强国提供不竭的精神动力

网络强国战略的提出，正是基于我国要提升自主创新的权重、突破网络发展的瓶颈以及带动产业转型升级的诸多愿景。它吹响了时不我待的集结号，它需要先进文化这个强大的动力引擎为其导航。就此而言，先进文化作为科技生产力的引领者，对于网络的“拥抱”可谓高效切入和无缝连接。试想，如果忽略了网络先进文化领域的建设，我国的网络强国战略很难突出重围。提高文化软实力，无疑可为网络强国提供不竭的精神动力，对内可以增强向心力和凝聚力，对外可以增进亲和力和影响力，无论对内还是对外，都有着重大的战略性影响。

（一）网络先进文化对内增强向心力和凝聚力

网络先进文化对我国国内而言，其主要作用是增强向心力和民族凝聚力，使全国人民心往一处想、劲往一处使，拥有共同的理想和追求，向着共同的目标前进。

向心力的本质是民族的所有成员对民族领导核心的认同度。认同度指的是社会全体成员对民族整体的认知、感受、服从的程度，具体来说就是社会全体成员对民族政治领导核心的满意度和支持度，再具体到我国就是人民对中国共产党的满意度和支持度。满意度、支持度越高，向心力就越强，也可以说中国共产党对人民的吸引力就越大。

党的执政为民的理念在网络先进文化的倡导中使广大人民群众享受到了看得见的物质文化利益，人民真切体会到了我们党是真正代表最广大人民利益、全心

全意为人民服务的党，从而赢得了全国各族人民的衷心拥护和支持，具有很强的向心力。中国共产党通过网络先进文化建设，把党和各阶层群众紧密地联系在一起，不断扩大党的影响力，提高党的社会动员能力，最终使社会全体成员各尽所能、各得其所、和谐相处，从而增强了党的吸引力，增强了广大人民群众对党的向心力。

网络先进文化深入精神领域，对内可以增强我国民族凝聚力。一个民族的文化自然传承了这个民族共有的精神内核、思想内容、思维方式、行为模式及传统的习俗等。一个民族的凝聚力正是把本民族特有的文化和民族精神牢牢地凝聚起来，从而表现出这个民族独有的亲和力和向心力。民族凝聚力不仅如此，还表现为对自己民族文化的内在认同。有没有坚定和强大的民族凝聚力是衡量一个国家综合实力的重要标准。如果一个国家没有民族凝聚力，自然就没有了内在的精神生命力。我国拥有上下五千年的文明成果，在几千年的历史文化积淀中经历层层磨难而绵延不衰，可以说正是由于我们对积淀深厚的中华民族文化的内在认同感。一个民族对自身文化的认同会使民族成员对所属文化形成共同的价值理念和行为方式，而这种认同恰恰是民族凝聚力的支点和精髓。失去对自身民族文化的认同，凝聚力就没有了依托。

如今，处在网络高速运转的时代，更要紧随时代步伐，紧扣时代强音，占领网络发展平台，依托网络大力推进先进文化发展，不断增强我国的民族凝聚力，从精神领域把握时代网络强国战略。2008 年在北京第 29 届奥运会开幕式上展现的中国传统元素不仅表达了中国人对奥运精神的追求，更向世界展示了一幅气势恢宏的中国文化长卷，展示了民族特色和民族精神，展示了中华民族的悠久历史与灿烂文化。这场视觉盛宴充分增强了我国人民的文化认同感，增强了中华民族的凝聚力。

先进的文化和民族精神是民族凝聚力的核心。站在网络时代前沿，依托网络先进文化的影响力，提高网络先进文化软实力，就可以用文化的力量提高经济实力，提高综合国力，为民族凝聚力提供物质基础。我国是世界上网民数量最多、规模最大的国家，网民的先进文化意识和文化素养直接影响着我国的民族凝聚力。如果网民文化素养水平较低，社会经验又偏少，自然更易受到蛊惑和落后思想的侵蚀，一旦被敌对势力诱导，很容易丧失对自身民族的认同感。而用先进文化意识武装和具有较高的文化素养、社会阅历较丰富的网民，对社会思想的判断辨别能力较强，对民族的认同感就比较高。因此，只有大力发展网络先进文化，提高网民素养，才能形成较强的社会责任意识，对内才能增强民族的认同感和凝聚力。2008年北京奥运圣火在世界各地传递，各地的华人华侨不约而同走上街头，用满腔的爱国热情传递奥运圣火。在华人以血肉之躯筑成的坚强精神长城的保护下，圣火燃烧不息，奥运精神也传承不止，中华民族的坚强意志、民族豪情和民族凝聚力在全世界得到了有力的展示。不仅如此，爱国洪流继续通过网络蔓延，在网站、视频、QQ、博客以及论坛空间传递着爱国盛情。在2011年的“南海之争”中，中国网民们的爱国主义情怀再一次得到了展现。他们通过微博、论坛、博客、QQ等网络空间建言献策，传达着对祖国利益的誓死捍卫。2015年是中国人民抗日战争暨世界反法西斯战争胜利70周年，盛大的阅兵盛宴备受全球瞩目，无数国内的网友以及国外的爱国华人纷纷通过网络表达对祖国的热爱、对祖国强盛的祝福。网络媒介以传统媒介无可匹敌的传播能力使弱小的个体借助网络的互动将爱国呼声汇聚成强大的集体的声音，凝聚为华夏之魂。毋庸置疑，网络先进文化可以深入社会生活的方方面面，从而增强民族凝聚力。

（二）网络先进文化对外增进亲和力和影响力

先进文化为网络强国提供不竭的动力，而网络先进文化要产生巨大的影响力，必须实施“走出去”战略，扩大中国先进文化对外的亲和力和影响力。我国拥有自己独特的文化软实力资源，如优秀的传统文化独特的政治思想。新中国成立以来，我国逐渐走出了一条具有中国特色的发展道路。我国目前的文化软实力与发达国家相比差距较大，这就需要我们尽快发展网络先进文化，走出国门，尽早加入国际文化软实力的竞争中。

和谐是中华文明历史成果中最有代表性的核心理念，也是中国悠久历史文化为当今世界所贡献的最有价值的智慧成果。在中国历史上，汉唐首选的安边之道是和亲，而不是战争；张骞通西域，唐玄奘赴印度取经，传播的是世界友好与和睦相处；中国的舰队下西洋，所到之处都送上自己的珍宝，而不是利用武力掠夺当地的珍宝。19世纪的丝绸之路传递的是中国与西方的经济、文化交流，留下的是动人心弦的友谊佳话。和谐不仅在古代，在当今、在国与国之间的关系上、在国家形象方面仍发挥着增进亲和力的作用。站在网络时代的前沿，我们要运用网络交流的各种平台宣传我国的先进文化，弘扬我们一直秉承的和谐世界理念，让国外政府和更多的国外民众通过网络了解我国的先进文化。和谐世界理念主张不同文明间求同存异，存异的实质是尊异，最终在不同文明的竞争中达到互相尊重、取长补短，各种文明和谐相处。总之，和谐世界理念是中华传统文明、现代文明与世界文明的融合，为国际交往和国际关系的发展提供了新思路、新模式。

我国对外文化交流的历史相当悠久，可以追溯到闻名于世的丝绸之路等一系列文化交流历史，中华民族的文化源源不断地传入中亚、欧洲，促进了西方乃至世界文明的不断进步。与此同时，中华民族也不断吸收西方先进的文化成果，不断丰富和促进中华文明。“鸦片战争”后，西学东渐，中外文化产生激烈冲突。尤其是马克思主义思想传入中国，对中国社会的进步和发展产生了巨大而深远的影响。这些都表明，一个民族的文化只有不断与各种不同的文化相互交流和碰撞，才能不断地磨砺和优化、积淀和充实、丰富和提高，一个民族的文化影响力、竞争力也只有在这种交流与碰撞中才能得到加强和提高。而今，处在网络发展的高速、快捷时代，我们更需借助网络本身的显著特性大力实施网络先进文化“走出去”战略，扩大中华文化的对外影响力和亲和力。

我们要重新铸造中华民族的强大灵魂，突出马克思主义主流意识形态与社会主义核心价值观，将其纳入国家形象的整体构建中，准确制定网络先进文化对外战略规划，把握主动权，利用各种网络交流平台和网络媒体，在对外文化的交流和传播中使社会主义核心价值观念与发展模式在世界范围内产生影响并引起内在认同。

努力提高我国先进文化的感召力和吸引力，就要以周边国家为依托，传播和输送中国优秀文化，增进彼此之间的交流和信任，提高我国的文化品牌意识，树立良好的国家形象。坚定不移地实施网络先进文化走出国门的战略，积极地运用我们的文化资源优势，在继承和发扬我国丰富的传统文化的基础上不断为传统文化注入新的生机和活力，催生出新的文化品种和文化产业，开发出符合当今国际需求的文化产品。依托网络文化的宣传平台，大力实施“走出去”战略，积极完善并大力发展文化产品和服务出口的政策措施，培养对外骨干文化企业，努力提升我国文化产品和文化服务在国家文化网络贸易中的份额。发展对外文化交流，不仅要发展对外文化方面的产业，而且要增强网络先进文化的发展自信，更好地为文化的对外交流提供可靠的保障，用强大的网络先进文化基石打开国门，更好地践行网络强国战略。

（三）网络先进文化提升网络空间话语权

国际话语权是一种软权力或者说是软实力。影响一个国家国际话语权的主要因素之一是文化和国家政策，其中文化是国际话语权的根基，是最基本的影响要素。通常情况下，一个国家的文化软实力越强大，则意味着它在国际社会中拥有很强大的影响力，意味着它在国际社会中有较多的话语对象，意味着它可以利用更多的话语渠道和更广阔的话语平台，它在国际社会中的观点、立场及对国际规则标准制定的建议等可以得到更多的认同和支持。反之，如果一个国家软实力很弱或者根本没有软实力，这个国家的国际话语权也会随之减弱或者根本就没有话语权，其行为不但没有人追随，还会适得其反，招来大家的批评、攻击。

大力发展网络先进文化，把中华优秀的传统文化发扬光大，把正确的文化理念传递给世界，有利于提升我国的国际话语权，增进影响力。中华传统文化中“和”的理念，发展到今天基于“和”进而升华了的和谐社会、和谐世界、和平共处的理念，兼容并蓄的包容胸怀、尊重文明的多样性，各国不分大小、强弱、贫富主权一律平等，对于国家间的分歧和争端不应诉诸武力或以武力相威胁，勇于承担国际责任等，这些都是我国传统文化的瑰宝，对国家话语权的影响也是巨大的。

文化软实力借助网络平台的较量是当今世界国际竞争的战略重点。如果说在以经济和军事这些硬实力占绝对统治地位的时代，强权即真理，没有强权话语权就根本无从谈起的话，那么在今天，在网络文化在综合国力竞争中的作用越来越大的情形下，真理即强权，谁拥有了先进的文化，谁的理念、价值观念等为世界所认同，谁就牢牢掌握了话语权，从而能够增强影响力。

参考文献

［1］韩丽彦．论提高我国文化软实力［D］．北京：中共中央党校，2013.
［2］李晓衡，高征难．建设网络先进文化的思考［J］．南华大学学报，2005（6）：1－4.
［3］周保卫．基于网络化背景的中国先进文化建设战略研究［D］．天津：天津大学，2012.
［4］陈志超，汪谦慎．用先进网络文化引领高校大学生思想政治工作［J］．思想政治工作研究，2012（3）：108－111.

[5] 戴丽娜．全面提升网络强国路径之——树立网络文化意识［J］．网络空间战略论坛，2015（7）：37－39.
[6] 冯珍珍．论网络文化对现代化的促进作用［J］．文化视野，2010（8）：74－76.
[7] 董程霞．发展健康网络文化的研究［D］．杭州：浙江理工大学，2012.
[8] 夏露．论网络文化在中国特色社会主义文化建设中的地位及作用［D］．成都：西华大学，2013.
[9] 刘星帆．全球化背景下中国文化软实力发展研究［D］．开封：河南大学，2013.
[10] 任海军．我国网络文化及其建设研究［D］．合肥：中国科学技术大学，2008.
[11] 赵永生．论中国先进网络文化建设［D］．石家庄：河北师范大学，2008.
[12] 李磊磊．论网络文化与当代大学生民族精神的培育［D］．焦作：河南理工大学，2012.
[13] 成美，娄耀雄．建设中国特色社会主义网络文化强国对策建议［J］．中国广播，2013（5）：8－13.
[14] 洪晓楠．文化软实力：语义分析与要素分析［J］．西安交通大学学报（社会科学版），2009（3）：7－8.
[15] 田兆清．以社会主义核心价值体系引领中国特色网络文化建设［J］．理论学刊，2011（10）：107－110.
[16] 曾长秋．论提高国家的文化软实力［J］．南华大学学报（社会科学版），2010（3）：9－11.

第三章　巩固网络思想文化主阵地

文化驱动世界，网络塑造世界，网络文化驱动并塑造着世界。随着网络技术的不断发展和广泛应用，当今网络文化已全面融入人们的生活，深深注入人们的价值观念、人文精神和生活方式，并引发着世界范围内传统思想文化的发展与革新。新手段带来新发展，新发展带来新思考。面对全新的形势，我们能否适应互联网发展的特点积极加快网络文化建设的步伐，能否使互联网的发展成为社会主义先进文化传播的新空间、公共文化服务的新平台，关系到人民精神文化生活的建设，更关系到社会主义文化事业和文化产业的健康发展。

网络是思想文化传播的重要渠道，巩固壮大积极健康向上的主流舆论是社会主义文化建设的重要任务。可以说，发展网络文化，意识领域的引领最基础，思想阵地的建设最关键。正如《中共中央关于深化文化体制改革推动社会主义文化大发展大繁荣若干重大问题的决定》中指出的："加强网上思想文化阵地建设，是社会主义文化建设的迫切任务。"

巩固网上思想文化主阵地任重而道远。我们可以通过网聚群众力量、培育网络先锋、讲好中国"网事"、培植网络土壤等具体举措，依托网络平台大力弘扬主旋律，凝聚网络文化正能量，为实现中华民族伟大复兴的梦想而凝神聚力。

一、网聚群众力量

毛泽东同志说过："要信任群众，依靠群众，尊重群众的首创精神。"可以说，不管是社会主义建设事业还是网络文化建设，在开展工作时都应该依托群众，遵循群众路线。

群众是文化工作的中心，人民是文化传播的主体，网络是文化制造与创新的端口。网络空间的魅力在于用网络聚集资源，网络文化的生命力在于网聚群众的力量。开展网络文化建设，大力巩固网上思想文化主阵地，让人民群众真正成为网络文化建设与发展的推动者并从中切实受益。坚持群众路线，网聚群众力量，应秉持三个主要原则。

（一）以人民群众的网络文化需求为指引

当前，网络文化发展势头强劲，互联网正逐渐成为大众精神生活的主要构成。信息的获得、加工与传播都需要借助网络载体，网络也日益参与到人们的日常娱乐、文化创作之中。在这种新形势、新变化下，巩固网上思想文化主阵地，必须以人民群众的网络文化需求为指引——什么有利于强化思想道德、改善社会风气就先行发展什么。想群众所想，用群众喜闻乐见的方式最大限度激发人民群众的参与积极性。以人民群众的需要和关切为旨归，凸显网络文化的建设重点。总之，网络文化要为人民群众抒怀。

1. 将“两为”要求摆在首位

在2016年4月19日召开的网络安全和信息化工作座谈会上，习近平总书记强调指出，推进网络强国建设，推动我国网信事业发展，让互联网更好地造福国家和人民。[①] 造福国家和人民是我们发展网信事业、建设网络文化的根本宗旨。

“为人民服务，为社会主义服务”是我们开展网络文化建设的出发点和落脚点。网络文化建设必须真正扎根群众，切实回答并解决好“为了谁”“依靠谁”“我是谁”的根本问题，坚持把人民群众利益放在首位。不管何时，都必须始终把保障人民文化权益、满足人民精神文化需求作为一切工作的主旨。

2. 把群众的新期待落到实处

要准确理解和把握新形势、新背景下社会文化生活的新面貌、新特质，时刻

---

① 张薇．让互联网更好造福国家和人民［EB/OL］．（2016－04－19）［2016－09－22］．http：//news. xinhuanet. com/politics/2016－04/21/c_ 128917544. htm.

关注人民群众对网络文化的新要求、新期待，把满足人民群众不断增长的精神文化需求作为网络文化建设的出发点和落脚点。总之，要适应人民的期待和需求，加快信息化服务普及，降低应用成本，为老百姓提供用得上、用得起、用得好的信息服务。

（1）提供更多支持保障

针对与群众生活密切相关的问题，及时为群众提供相关的政策解读、网上信息与咨询。充分发挥好、引导好、保护好广大网民在网络文化建设中的积极性、主动性与创造性。

（2）加快文化信息资源的开发利用

通过资源开发与共享为广大群众用网提供便利。加快推进如中国数字图书馆、国家知识资源数据库等网络文化工程的建设，积极推进资料共享，拓展公众资源的服务功能。

（3）不断缩小地区间特别是城乡间差距

通过缩小地区间及城乡间在网络文化建设方面的差距帮助网民提高法律、道德、科学、文化素质，努力把互联网建设成为广大人民群众共有的精神家园。

（4）大力推广群众喜闻乐见的形式

网络文化建设还应多采用人民群众接受和喜爱的形式，为群众提供生动、多样、便捷的网络文化产品和服务，切实使网络文化建设与人民群众的需求相一致，更好地满足人民群众与时俱进的文化追求。

2015 年 10 月发布的《中共中央关于繁荣发展社会主义文艺的意见》提出，大力发展网络文艺，要实施网络文艺精品创作和传播计划，鼓励推出优秀网络原创作品，推动网络文学、网络音乐、网络剧、微电影、网络演出、网络动漫等新兴文艺类型繁荣有序发展，促进传统文艺与网络文艺创新性融合，鼓励作家、艺术家积极运用网络创作、传播优秀作品。鼓励多形式的网络文化艺术形式创新，用丰富、生动、接地气的网络文化形式和产品满足新时期群众对网络文化的新期待、新诉求。

（二）发挥人民群众的网络文化创新精神

创新是网络文化发展的生命线。创新发展网络文化应充分调动每位参与者的参与意识、创新精神。人民群众是网络文化的重要参与者，更是网络文化创新的主力军。创新发展网络文化，激发全民的参与性与创造力，已是当前网络文化建设的关键环节。

1. 提高群众的网络文化参与意识和建设能力是基础

首先，要有针对性地对群众进行培训和培养，不断提高群众的综合能力。其次，对群众进行教育和引导，营造浓厚的网络文化知识和技术学习氛围，用正确的决策引领群众行为的有效进行。同时，还要努力提高群众获取、处理、利用、鉴别、交流、分析与选择网络信息的能力和素养，为他们正确参与更大范围、更高层次的网上活动提供能力保障。

2. 释放蕴藏在广大人民群众中的文化创造潜能是关键

首先，激活群众文化创造的主动性。通过拓展群众网络文化创造的形式和渠道，促使其自觉确立文化创造的主体地位。鼓励人民群众用自己的语言讲自己的故事，用身边人、身边事说身边理。借助这种形式，引导群众在网络文化建设中自我展现、自我教育、自我提升。其次，充分利用微博、微信、社交平台等新媒体以及网络文学、网络出版等新媒介，激发并引导人民的网络文化、文学成果创作，以最短的路径、最高的效率做到文化生产与文化消费的“从群众中来，到群众中去”。

3. 处理好“专业生产”与“群众创作”两种关系是保障

作为一项复杂、高难度的综合性系统工程，网络文化建设既要发挥专业力量的引领作用，也要激发广大人民群众的主体参与作用①。一方面，鼓励专业的网络文化工作者发挥自身优势，适应文化市场需求，遵循网络传播规律，尊重网民接受特点，努力创作更多具有中国特色、展示时代风貌、深受网民欢迎的网络文化精品；另一方面，要大力保护广大人民群众的创作精神和创作热情，引导他们制作、上传、转发正能量的网络文化产品，最终在网络文化建设领域形成专业引领、群众参与的良好局面。

① 佟力强. 网络文化繁荣发展需处理好几种关系 [N]. 北京日报，2014-05-05 (18).

（三）让人民群众成为先进文化成果的直接受益者

习近平总书记指出，中国正在积极推进网络建设，让互联网发展的成果惠及13亿中国人民。人民群众是网络文化建设的主体，更应成为网络先进文化成果的直接受益者。网络先进文化的建设应让亿万人民在共享互联网发展成果上有更多获得感。

从一般意义上讲，网络文化产品成果的最终形成和呈现主要通过以下两种方式：一是传统文化产品网络化，即将优秀的传统文化产品加工整理并最终通过网络平台进行传播；二是网络虚拟文化的产品化，即将网络虚拟资源形成新的超文本内容产品。因此，网络文化产品既包括传统文化产品的数字化，又包括以信息网络为载体形成的不同于传统文化的新型文化产品。在当前的网络环境下，网络文化成果主要体现为网络电视、网络文学、网络出版、网络游戏、网络视频、网络动漫、网络音乐等。

网络成果层出不穷、形态各异，但如何让先进的网络文化成果固化，让其走入并作用于群众生活，并最终使人民群众成为直接的受益者，这是网络先进文化建设的指向标。

1. 加速优秀传统文化资源的网络成果化

中华文化作为世界上唯一流传至今并仍具有鲜活生命力的古老文明，能够从刻画甲骨文之前的神话时代不绝奔流到属于网络语言的互联网时代，其优秀性不言自明。

中华传统文化博大精深，其深厚的底蕴、优秀的文化因子对我们今天的网络文化建设意义重大。要将传统文化作为网络文化建设的重要资源，不断推进中华优秀传统文化的数字化和网络化，致力形成一批包含传统底蕴、具有民族特质、体现时代精神的网络文化成果，并将其推广，进而品牌化，真正做到为民所用。

可以说，我国拥有非常丰富的文化资源，但由于受历史原因和机制体制的影响，大量优秀的文化资源未能实现网络共享。建议出台相关鼓励政策，加快推进优秀文化资源上网工程，形成和巩固先进文化在网络上的主导地位。“随时以举事，因资而立功，用万物之能而获利其上。”我们应紧随当下时机和趋势，用好网络，让中华传统文化借助网络平台焕发更多彩的魅力。

2. 开展丰富多彩的网络文化活动

网络文化活动泛指提供文化产品及服务的活动，主要包含三类活动：互联网文化产品的制作、复制、播放等活动；将文化产品登载在互联网上，或者通过互联网发送到计算机、电视等用户端，供用户浏览、阅读、欣赏、点播等的传播行为；互联网文化产品的展览、比赛等活动。

丰富多样的网络文化活动能最直接地让网络文化成果走进群众的生活。不管是全国范围的还是区域性的，无论机关、学校还是社区、工厂，丰富多样的网络文化活动都能充分调动广大群众和网民的积极性，并使其最大限度地感受网络文化，享有网络文化的各种成果。

全国大学生网络文化节、天津微电影节和教育部思政司指导全国高校校园网网站联盟、中国大学生在线组织开展的“全国大学生网络安全知识竞赛”等一系列网络文化宣传活动的开展唱响了主旋律，传递了网络正能量，更让网络文化成果走进了千家万户。还有一些相关的网络文化活动推出了一大批有道德、有筋骨、有温度、有思想的优秀网络文化作品，大力传播了社会主义核心价值观，深受广大群众的认可与好评。《我是特种兵》《琅琊榜》等网络小说改编成的电视剧就是其中的优秀代表。

3. 实施先进文化成果的网络推广工程

依托网络平台，最大限度做好网络文化成果的推介，扩大精品文化成果的影响范围，逐步把网络空间打造成文化为民、文化便民的主通道。

中国志愿服务联合会、中国社区发展协会等联合会主办的“全国社区网络春晚”活动到目前为止已成功举办三届。“社区网络春晚”活动借助网络媒介和平台，通过大篷车进社区的形式将丰富多彩的网络节目送到了广大社区群众中间。活动曾以“中国梦·社区美”为主题，聚焦空巢老人、残疾人等困难群众，不仅带着先进文化形式的时尚气息，更给群众送来了浓浓的人文关怀。此类活动的开展丰富了群众的生活，更为网络文化成果服务群众打开了便捷之窗。

总之，人民群众是历史的创造者，更是先进网络文件建设的大后方。网络先进文化必须始终坚持“一切为了群众，一切依靠群众”的群众观点，认真践行“从群众中来，到群众中去”的群众路线，才能真正实现网络强国的宏伟梦想。

二、培育网络意见领袖

伴随互联网的发展，在网络传播环境下网络领域中出现了一种新的个体或群体，即网络意见领袖。网络意见领袖，是指在互联网信息传播中较早或较多掌握信息源，并经自己加工之后传播给他人，具有影响他人态度能力的活跃分子。意见领袖作为网络中的特殊人物，数量少、能量大，往往占据着网络文化的制高点，左右着网络舆论思潮。

作为网络传播环境下衍生的一个新兴群体，网络意见领袖可以说是一个中性词。网络意见领袖自主发表观点和言论，既可以是正能量的扩音器，也可以是负能量的中转站。巩固网上思想文化主阵地，占据网络文化的制高点，必须注重培育传播正能量的网络意见领袖，让意见领袖、先锋人物、先进思想引领网络文化发展的潮流。

培育传播正能量的网络意见领袖，必须从建设培养平台、筑牢意识防线、支持网上发声几个方面着力。通过传播正能量的网络意见领袖增强网络争锋话语权，弘扬网上宣传主旋律，引导网络文化建设健康发展。

（一）建设培养网络意见领袖的平台

人才是先进网络文化建设的事业之基、竞争之本。如何培育优秀的网络意见领袖？首先需要考虑的就是培养平台的打造与建设。作为网络时代的重要人才，网络意见领袖需要具备扎实的信息技术、深厚的专业知识及高尚的道德良知。打造优秀网络意见领袖培养平台可以说是一项综合性的工作。

1. 牢固树立人才是第一资源的理念

培养和用好网络意见领袖应该成为我们集聚和团结大量优秀人才投身于网络文化建设工作的最大支点。尊重网络意见领袖，注重网络意见领袖的培养，支持他们的上网发声，给予他们更全面的制度、措施方面的保障，是人才至上理念的突出体现。

2. 积极拓展网络意见领袖的选用渠道

网络意见领袖的选用需要慧眼识英，善于发现人才，为我所用。应积极拓宽培养渠道，遵循人才成长的规律与周期，着重从社会公众、部队官兵、高校优秀毕业生中发现人才，着力对其进行引导与培养，让其成为网络意见领袖的后备军。优秀网络意见领袖的选用可以不拘一格，建立灵活机动的人才选用和人才激励机制。正如习近平总书记讲话中指出的，“不管是哪个国家、哪个地区的，只要是优秀人才，都可以为我所用。”①

3. 科学确立网络意见领袖的培养机制

网络意见领袖的培养需要科学完善的长效机制作为保障。通过定期交流、实践锻炼及院校培训等途径，确立切实可行的网络意见领袖培养机制。

首先，通过活动、赛事交流学习心得、推广经验。丰富多样的讨论交流、座谈研讨等方式可以进一步提高网络人才的知识储备，提高其敏锐的思维和社会洞察力。其次，通过搭建用网平台锻炼、积累网络意见领袖的实践能力与经验。网络是信息库，更是网络意见领袖的练兵场。通过各种措施与途径，保证网络意见领袖便捷用网、畅通交流，在实践操作中锤炼技术能力、提升专业素质，强化并巩固网络意见领袖的地位，让正能量的声音传遍网络空间的每个角落。最后，依托院校培训，扎实理论功底与网络素养。院校是先进知识与技能的孵化器、传播源，也是提升媒介素养和网络舆情应对技能的平台。网络意见领袖媒介素养的获得与提升必须通过坚持不懈的理论学习，依托院校进行集中学习是意见领袖获得和提升媒介素养的最便捷途径之一。

4. 大力培养横跨中西文化的高端人才群体

建设高素质的网络安全和信息化人才队伍，要求我们积极开展双边、多边的互联网国际交流合作。

互联网让世界变成了地球村，让国际社会成为你中有我、我中有你的命运共

---

① 刘雪玉．习近平在网络安全和信息化工作座谈会上发表重要讲话［EB/OL］．（2016－04－19）［2016－10－08］．http：//m. people. cn/n4/o/2016/0420/2203－6702132－2. html.

同体，互联网已是人类共同的家园。如何让优秀网络意见领袖的影响更广？如何让正能量的声音分贝更大？这就需要我们努力发掘和培养一批真正懂得中西文化的优秀网络意见领袖，只有这样才能够站在中国的立场，用国际化的视角解读中国、推介中国，发出中国声音、讲好中国故事，树立中国良好的国际形象，促进中西文化和谐交流。

（二）筑牢网络意见领袖的意识防线

在网络这个众声喧哗、消息芜杂的大广场中，意见领袖“粉丝”成堆、拥趸甚众，比普通网民拥有更多的话语权。由于其影响辐射力，网络意见领袖的言论往往能海量转发、裂变式传播。因此，网络意见领袖的导向一旦出现偏差，后果将不堪设想。如果网络意见领袖的意识防线不牢，则后续的所有工作都是空中楼阁。因此，筑牢网络意见领袖的意识防线是站稳网络主阵地的重中之重。要引导网络意见领袖用先进理论、共同理想、坚定理念来武装自己，让网络意见领袖不仅是技术上的领袖，更是意识领域的先锋。

1. 用中国特色社会主义理论体系武装头脑

中国特色社会主义理论体系是马克思主义中国化的最新成果。坚持用中国特色社会主义理论体系武装网络意见领袖的头脑，应作为我国加强网上阵地建设的首要任务。同时，更要适应新形势、新情况，不断提高马克思主义教育的效果，使网络意见领袖灵活运用辩证唯物主义与历史唯物主义世界观和方法论，采取多样的方法分析和解决网络舆论中出现的实际问题，提升知行结合的能力和素质，并自觉做好组织、宣传工作的“喉舌”，解读、传达好党的路线、方针和政策。

2. 用社会主义核心价值观引领风尚

先进的思想道德是武装网络意见领袖的核心。要把引导网络意见领袖增强社会主义道德修养自觉作为筑牢其思想防线的重中之重来抓。习近平总书记强调指出，“要加强社会主义核心价值体系建设，积极培育和践行社会主义核心价值观，全面提高公民道德素质，培育知荣辱、讲正气、作奉献、促和谐的良好风尚。”这不仅为全体社会成员判断行为得失提供了基本的价值准则和行为规范，更为网络意见领袖的思想意识领域建设提供了强大的依据。

面对日益严重的网络道德失范现象，在开展网络文化建设和进行网络舆论引导时，网络意见领袖更应承担起引领社会风尚的责任，大力学习和践行社会主义荣辱观，积极营造健康向上的道德文化氛围，引领广大网民理清头绪、了解真相、认清大局，为社会风气向好的方向发展作出努力。

3. 用中华民族伟大精神激发热情

习近平总书记强调，“中华优秀传统文化是中华民族的精神命脉，是涵养社会主义核心价值观的重要源泉，也是我们在世界文化激荡中站稳脚跟的坚实根基。”社会发展和进步的历程充分证明，中华传统文化是我们最深厚的软实力。博大精深的传统文化是我们今日文化发展与建设的根基。

勤劳勇敢、爱国爱家、自强不息、锐意进取是中华民族伟大精神的精髓。在世界文化大融合的今天，面对各民族文化的交融、激荡，我们应把继承和弘扬民族精神与传统文化作为加强网上阵地建设的重要任务，纳入思想政治教育的全过程，不断增强网络意见领袖对民族精神的认同感、归属感，增强其爱国意识、团结意识、发展意识和创新意识，使其能够自觉用民族精神的精髓指导自己的网上舆论引导行为，维护国家、政府良好形象，引领广大网民对舆论热点的正确认知，弘扬传统文化，传递民族自信。

总之，筑牢网络意见领袖的意识防线，让他们自觉做先进理论的传播者、时代风气的先行者、民族精神的发扬者，做到在互联网领域内、在舆论热点讨论中彰显中国良好形象，树立中国人的民族自豪。通过网络意见领袖的努力，让先进文化占领网络舆论的高地，使我国的网络文化建设在更长久的时间中赢得历史的掌声。

（三）支持网络意见领袖的网上发声

网络意见领袖的网上发声在一定程度上会成为网络空间的风向标。广大网络意见领袖要充分利用网络优势，运用各种传播手段，大力宣传科学理论，传递美好情感，守护道德良知，真正使社会主义核心价值观深入人心，使网上正能量广泛汇聚、涤荡人心。

创造条件支持网络意见领袖上网发声，支持网络意见领袖的网上发声，是对其最大的支持。要借助网络意见领袖的影响力，压缩负面声音的传播空间，拓展正面信息的传播渠道，积极传递社会正能量。

1. 资金资助、政策倾斜，为意见领袖发声铺设宽阔平台

采取资金资助、政策倾斜等措施，鼓励网络意见领袖的自我发展、作品创新、对外交流。将对网络意见领袖的扶持与文化人才整体工作全面对接，特别是为青年人才在网络文化领域脱颖而出创造更好的条件，为繁荣发展网络文化提供人才储备和智力支撑。

2. 多种形式、灵活机动，为意见领袖发声创造有利环境

通过建立个人工作室、专题论坛等方式，为那些思想先进向上、社会影响力大、群众喜闻乐见的意见领袖创造网上发声的有利条件。国家互联网信息办公室主办的“网络名人社会责任论坛”就是以论坛的形式为网络名人开通的集体发声的渠道。论坛中，众多网络意见领袖可以就众多热点问题展开讨论，表达个人观点。

3. 重大场合、关键节点，为先锋人物发声提供最佳契机

重大场合、关键节点的网上发声不同于平时，其影响范围会更广，影响力度也会更大。支持优秀网络意见领袖在重大场合、关键节点的网上发声是对先锋人物发声的最大支持。

在2014年的文艺发展座谈会上，“周小平”“花千芳”两位网络文学作家受到了习近平总书记的会见，充分展现了中央对网络文化工作的重视，更体现了国家领导人对网络先锋人物的关怀鼓励。这在网络文化领域引起了热议，广大网络文化工作者备受鼓舞。

两位网络作家共同的特点是弘扬中国梦、传递正能量，可谓广大网民认可的网络先锋和网络意见领袖。“花千芳”是长期活跃在天涯、铁血等论坛的网络作家，他的作品传递正能量、弘扬中国梦，代表作是《我们的征途是星辰大海》。“周小平”是一名退伍军人，他的博文中发自心底的爱国情怀体现了一个公民对祖国的责任担当，更体现了一名退伍军人应有的思想境界。“周小平”在新浪微博上的自我介绍是互联网资深分析师，代表作有《请不要辜负这个时代》等。在蔡英文当选之际，“周小平”在网上及时发文——《台湾，好自为之》（副标

题：周小平写给台湾的一封信），引得无数网民的共鸣与转引。

可以说，网络文化发展不仅仅是政府部门的职责，也是优秀网络意见领袖义不容辞的责任，更是我们每个人的责任。只有共同发展和建设网络先进文化，才能创造和建设符合社会主义核心价值体系的网络文化。

三、讲好中国“网事”

中国共产党的先进性是用数千万党员的流血牺牲、不懈奋斗换来的，中国特色社会主义制度的优越性是历经90多年革命、建设、改革的实践检验的，中华民族改革开放的伟大成就更是全国各族人民用勤劳的双手和智慧创造的。讲好中国“网事”，传播中国的价值观念，对外是“走出去”的需要，对内是凝聚共识、凝聚力量的需要。

建设与发展网络先进文化，巩固网上思想文化主阵地，讲好中国“网事”，传达好中国声音，已成为展示我国国际形象和凝聚国内民心民力的重要一环。

（一）真正相信群众，在让谁讲上下功夫

讲好中国“网事”，首先要考虑的问题是让谁讲。让谁讲？应该让群众自己讲。真正相信群众，相信群众的智慧、群众的力量。群众的讲述与政府组织的讲述同样重要。面对国内网络公众事件，让群众在看清真相的基础上发出自己的声音、声明自己的立场，更能激发正能量和整个社会团结奋斗的力量。针对国际热点问题，让群众站在客观公正的立场上用国际视野讲中国故事与国家讲述同样重要。让群众讲述中国故事，呼吁更多的国内人士跳出自我的圈子看清中国，让国际上更多的人联系自身看懂中国，“中国震撼论”比“中国威胁论”更有说服力。

1. 人民群众是网络文化创造的主体

人民群众是文化创造的主体。人民群众不仅是推动社会变革的巨大力量，更是先进生产力和先进文化的创造者。我国文化发展史上的第一个文字、第一首诗歌、第一个舞蹈……都是人民群众在生产生活的实践中创造和完成的，这些最初的创作亦为后来的专业文化发展奠定了基础。人民群众一代又一代地传承着属于

自己的文化，并与时俱进地改革创新，构建着人类文明史上一座又一座文化高峰。

人民群众是网络文化创造的主体，网络思想文化阵地建设是人民群众的实践活动形式之一。人民群众是网络文化建设决策的拥护者和执行者，并最终享有网络文化建设成果。

2. 人民群众是网络文化阵地的守护者

在建设网络先进文化的进程中要切实增强群众积极参与网上思想文化阵地建设的意识。要让群众参与行业网上阵地的建设，首先要强化他们的意识自觉。一是强化群众的主体意识，激发群众参加网上阵地建设的内动力，要通过不断加强对群众的教育和引导，让他们充分认识到群众是国家的公民，应以国家事业为己任，积极对党的重大决策自觉认同、自觉参与，并为之自觉奋斗；二是强化群众的参政意识，调动群众参加网上阵地建设的奋发力；三是强化群众的责任意识，加大群众参加网上阵地建设的推动力；四是强化群众的权利意识，筑牢群众参加网上阵地建设的支撑力。通过组织群众深入学习和贯彻相关政策法律，让群众明白参与网上阵地建设是公民的法定民主权利，是为加强国家民主政治建设出力的具体体现，从而使人民群众参与网上阵地建设的行为更加自觉，覆盖面更广。

（二）讲述身边故事，在讲什么上做功课

在“讲什么”的问题上，可以说讲自我完善、开展批评与自我批评与讲辉煌业绩、伟大成就同等重要。一个敢于自我剖析、为了人民郑重开出改革大清单的政党更能赢得人民的信任。

实践证明，讲政府如何贯彻落实中国梦的伟大战略与讲老百姓自己寻梦、逐梦、圆梦的故事同等重要。通过网络集聚群众力量，网聚百姓梦想，更能让中国梦落地生根、根深叶茂。讲政府直面问题、解决问题的过程与讲解决问题的结果同等重要。引导老百姓正确认识西方社会所谓的“完美”，让大家意识到承认问题、直面问题、解决问题才是真美。讲身边入情入理、入心入脑的土道理与讲深奥抽象、阳春白雪的大道理同等重要。“照镜子、正衣冠、洗洗澡、治治病”“打铁还需自身硬”等源自群众生活的语言在老百姓心里更容易引起共鸣。

（三）依托新兴媒体，在用啥讲上动脑筋

在“用什么讲”上，我们一直倚重传统主流媒体，用主流媒体发声，用主流媒体达意。随着时代的发展，用新兴网络媒体讲与在传统主流媒体讲具有同等重要的意义。

1. 依托新兴网络媒体

新媒体一般是指有别于传统媒体的信息传播形态与商业模式。作为一个全新的概念，新媒体是相对报刊、广播、电视等传统媒体的新兴媒体，具体形式有互联网、手机、移动电视、IPTV 等。新媒体基于新的数字和网络技术，可以使信息传播更加精准化、对象化。相对传统媒体，新媒体具有如下显著特征。

（1）数字化

数字化是新媒体最重要和关键的特征。通过数字化过程，所有记录在胶片、唱片、纸张等介质载体上的信息都可以转化为由 0 和 1 二进制编码形成的数字信息，并将其记录在磁介质的载体中。信息的数字化这一核心的关键技术使原来存在于不同介质载体中的信息统一于磁介质载体，也让文字、图片、音频、视频等各种形式的信息统一为数字信息。信息的数字化确保了信息的海量化存储、无损化复制、网络化传播，为信息的广泛传播奠定了基础。

（2）媒介个人化

由于个人计算机、数码相机、数码录像机等数字产品的广泛普及和使用，信息制作门槛越来越低，并呈现出个人化趋势。新闻信息制作垄断被打破，信息的发布渠道更加便捷多样，网民可以在论坛、BBS 等公共平台发布各种信息，也可以建立自己的博客、微博、播客，拥有自己的信息发布平台，或通过 QQ 群、E-mail 传递信息。任何人都能通过相关传播渠道成为信息传播、加工和意见表达的主体。

（3）跨时空性

新兴媒体具有对既往信息、当下信息、未来信息三者之间保持便捷检索、即时发布与持续关注的强大功能，这一特点使得信息在传播过程中具有更广阔、更深厚的新闻背景，传播、更新速度快，时效性强，受众的关注度也相应更加持久。在空间上，信息一经网络发布，就会在极广大的空间中传播，瞬间覆盖全

球。因此，从这个角度上看，新媒体时代的信息传播跨越了时间和空间的限制，真正具备了全球化信息传播性质。

（4）超媒体性

新兴媒体克服了传统媒体表现形式的种种障碍，全面融合了文字、图片、动画、音频、视频等多种媒体表现形式，做到了在文字、声音与视觉媒介之间自如转换和穿越，集合了报纸、广播和电视的功能，具有超媒体性。受众在接受信息时也可以按照自己的意愿在不同的信息内容和表现形式之间自主跳转。新媒体的超媒体性使信息的传播更加符合人们的阅读习惯和思维模式。

（5）互动性

信息的传播者与信息的接受者通过网络可以实现多向度的自由互动传播。通过这种互动，信息的传播者可以在第一时间获知信息接受者的想法，了解和把握信息传播的效果，并及时对自身的传播行为做出评价和修正。而受众则可以通过网络第一时间发表个人的看法，对信息做出评价。信息的传播者和接受者之间的身份可以互换，每个人既可以是传播者也可以是接受者。通过二者之间的充分交流，可以实现信息更充分的传播。因此，新兴媒体的互动性比传统媒体更直接、更深入、更多样。

充分借助新媒体的平台，用先进技术传播先进文化，用新阵地引领社会新风尚。借助新兴媒体“短、平、快”的传播特质，大力发挥新媒体的优势功能。可以说，在新媒体“当道”的今天，我们在了解新媒体、走近新媒体的同时，更应懂得如何运用新媒体，规避弊端、凸显优势，用新媒体生动讲述中国“网事”，用新媒体传递社会正能量，使新媒体为打造和建设网络先进文化、巩固网上思想文化主阵地贡献巨大力量。

2. 发挥青少年群体优势

我国网民中青少年占大多数，他们获取资讯的主要渠道是新兴网络媒体，因此赢得新兴网络媒体才能赢得青年，赢得青年才能赢得未来。

微信、微博、Facebook、Twitter、媒体融合、移动互联网、自媒体、全媒体、公民记者……这些词汇冲击着人们的眼球，更无限拓展着人们接受信息的渠道。对这些改变，感知和接受最为敏锐的就是青少年群体。

新媒体环境前所未有地将广大青少年从传统的被动教育的角色和地位中解放

出来，并赋予极大的主动发挥空间和思想成长的平台，变被动学习为主动学习，变传统“灌输”为自由浏览。在这样一种环境中，青少年就可以在相对轻松和自由的环境中自由选择学习内容。新媒体作为一种集图、文、声于一体的技术，可以将声、光、电熔为一炉，其形式的生动多样、虚拟仿真带来的身临其境最大限度改变了传统媒体形式单一的问题。青少年对知识的获取也不再仅仅依赖学校和课堂。以手机短信、微博、微信、网络论坛等为载体，能够更方便和快捷地发布更具个性化的信息，可以在最短的时间内将教育内容迅速传递给受教育者，使教育效果更直接、更深入。这些都为青少年成为网络文化中的重要一环提供了必要条件。

在建设网络先进文化的过程中，要充分认识青少年在网络文化建设中的主体地位和主力军作用，做到主动倾听青年心声，激励青年成长，支持他们创业。通过各种激励和保障措施，让青年人可以在无限的网络空间里充分发挥聪明才智，展现人生价值，成就事业和人生。

四、培植网络土壤

网络土壤是社会土壤的拓展，网络空间是社会空间的延伸，网络风气是社会风气的折射。老百姓呼唤社会的公平正义、期待社会风气的风清气正，他们也同样渴望拥有清明、健康的网络空间。培育肥沃的网络土壤、打造绿色网络空间是建设先进网络文化的基础，更是实现网络强国梦想的根基。

（一）秉持社会效益第一原则

互联网绝非单纯的资本逐利场，推进网络文化建设要坚持社会效益第一、经济效益第二。网络文化建设，社会效益永远重于经济效益、高于经济效益。把网络空间打造成网络文化健康生长的清朗空间，这是在进行网络文化建设时应秉持的首要原则。

互联网建设中应更加注重发现和挖掘人性善的因子，而非人性恶的“噱头”。可以想象，如果网络文化产品跟风媚俗，以“吸睛”为目的，以低俗、暴力、色情为卖点，即使形式再新颖、包装再时尚，也只会污染网络环境，误导受众。因此，在加强网络文化真善美的同时应着重建立健全网络文化产品的发布审查机制，从源头上杜绝人性恶的东西加上互联网的虚伪外包装在网络空间肆意传播、泛滥成灾。

发展建设网络文化，务必要弘扬社会正能量，保持崇高的精神价值，追求高品位，打造时代最强音。同时，要坚决同网上造谣传谣、攻击诋毁、恶搞低俗等不文明网上行为做斗争。努力创作精品，使网络文化真正成为传播先进文化的载体。网络文化工作者要充分利用各种技术、文化优势，致力宣传先进理论，传递美好情感，守护网络家园。

（二）强化网络空间敌情意识

在互联网领域决不能放松对意识形态斗争的警惕。1961 年“冷战”时期，美国肯尼迪政府以西方海外传教士为先驱成立“和平队”，组建了世界上最大的官方志愿者组织。这个组织作为穿透障碍和“铁幕”的战略渗透工具向第三世界国家传播美国的价值观念，散播美国文化的种子。

放眼全球，借苏联、东欧剧变和“冷战”结束，美国极力宣扬“淡化意识形态”，企图让我们放松政治意识形态建设，放松共产主义远大理想和中国特色社会主义共同理想教育，放松马克思主义在意识形态领域的指导地位；利用我们党内少数党员干部腐败堕落、政府中少数公务员的工作失误和我国经济社会发展中存在的局部问题，大肆丑化中国共产党的领导和中国社会主义制度，企图让中国人民对共产党失去信任，对社会主义失去信心；利用“冷战”后世界社会主义运动处于低潮这一事实大肆鼓吹“马克思主义过时论”“马克思主义无用论”“社会主义失败论”等论调，企图削弱、消除社会主义意识的地位；恶意散布所谓“中国崩溃论”“中国威胁论”等论调，对中国进行妖魔化，企图搞乱中国发展的外部环境，削弱中国在国际上的影响力。

可以说，网络空间中的意识形态不仅仅是一种理论上的存在，更是一种活生生的实践存在，这种存在主要以非意识形态的面孔出现，渗透于各种网络活动之中，影响着人们的生活态度，改变着社会风尚，并在潜移默化中重塑着人们的人生观、世界观和价值观。过去数十年中，西方世界处心积虑，企图进行和平演变，在网络空间可能一夜之间就会产生强烈如电的社会风暴、革命风暴。如果放松网上阵地建设，西方敌对势力的阴谋就有可能得逞，我们过去和现在为之奋斗的成果必将付诸东流。在网络空间中要强化网络空间敌情意识，采取超常措施应对网络空间隐蔽的渗透、颠覆活动，牢牢掌握网络空间意识形态斗争的主动权。

一定要有强烈的忧患意识，占领网上阵地制高点，唱响主旋律，打好主动仗，极大地提高我国网络文化的国际影响力和对西方敌对意识渗透的抵御能力。

（三）加大网上不法活动监管

互联网绝非法制、道德、伦理的“绝缘地”。网络空间本质上是虚拟的社会空间，映射着现实社会中的各种活动。网络空间越发达，社会性越强，对社会治理所需的法制、道德、伦理要求就越高。由于网络空间的虚拟性、匿名性，互联网曾一度成为脱离监管的空白区，网络谣言、网络色情、网络盗版等各种违法违规活动频繁发生。鉴于此，应把网络空间作为社会空间来对待，加强网络治理，抓紧建立与现实社会空间相对等的法律法规制度，规范网上信息传播秩序，切实做到依法管网、依法办网、依法上网。

1. 加强立法，有法可依

俗话说，没有规矩，不成方圆。治理好网络空间，必须重视法律、法规的建设。

（1）让法律为网络发展“保驾护航”

为了有效净化网络文化环境，早在2000年年底全国人大常委会就颁布了《关于维护互联网安全的决定》，为法院搭建一个处理纠纷的平台提供了一些基础的依据。为了正确审理涉及计算机网络域名注册、使用等行为的民事纠纷案件，2001年6月最高人民法院审判委员会通过了《最高人民法院关于审理涉及计算机网络域名民事纠纷案件适用法律若干问题的解释》；2006年5月，国务院出台《信息网络传播权保护条例》；2013年9月9日，最高人民法院、最高人民检察院发布《最高人民法院、最高人民检察院关于办理利用信息网络实施诽谤等刑事案件适用法律若干问题的解释》；2014年8月，中央网信办发布《即时通信工具公众信息服务发展管理暂行规定》，其中规定了即时通信工具使用的七条底线；2014年10月，最高人民法院出台《关于审理利用信息网络侵害人身权益民事纠纷案件适用法律若干问题的规定》（以下简称《规定》）。《规定》划定了个人信息保护的范围，明确了利用媒体等转载网络信息行为的过错认定。《规定》的出台是健全信息网络法律法规的重要一步，也进一步筑牢了网民依法维护合法权益的堤坝。这一系列法律法规和规章的相继出台和完善都为处罚和惩治利用互联网进行各项非法活动提供了依据。

但从目前法律法规的建设来看，许多网络行为已经超出了法律规定的范畴，很难找到相关的法律规定。因此，当务之急就是要全方位加强网络方面的立法，力争让更多的网络行为都有相关的法律约束。

（2）让法律成为网民行为的信仰责任

互联网因其虚拟性可以使每个人都能够在网络中“隐形”。这种虚拟性的环境一方面可以激发大家畅所欲言的积极性，另一方面又不可避免地会出现一些松散、毫无顾忌的网上行为，甚至是攀比谩骂、网上人身攻击。特别是网络上过多负面信息的传播，如“郭美美”的炫富、“李鬼公司”的诈骗等，一定程度上造成了网民心理的恐慌，催化着负面信息的扩散，给社会造成极坏的影响。因此，除了加强网络法规的建设，进一步规范网民的主体意识、责任意识、社会意识也是网络文化建设的重要一环。

“法令行则国治，法令弛则国乱。”法律的生命力、法律的权威都要通过具体的实施才能真正体现出来。网络方面的法律制定、颁布之后，最重要的还是要落实到位。在落实和实施的过程中，增强网民对法律价值的感受、体会与认同，进而督促网民从自身做起，遵守法律、尊重法律、信仰法律，从而达到净化网络环境的效果。

2. 加强监管，行业自律

“士不可以不弘毅，任重而道远。”若得天时之机，择地利之便，乘势而上，顺势而为，自立自强，网络行业必能顺利发展。彻底改变现有的不规范、不理性的发展乱象，还需互联网行业自身的自律自强。加强监管，行业自律，才能为网络行业持续健康发展提供长远保障。

加强互联网行业自律，要进一步运用法律手段加强对网络产品和网络运营的监管，尽快实行网络实名制，确保上网身份认证。进一步建立和完善网络分级管理体制，特别是建立青少年网络保护的法律体系。设立网络安全执法部门，严厉打击和惩处网络违法犯罪行为，维护网络安全和正常秩序。积极倡导互联网行业自律，充分发挥社会监督作用，及时遏制网上有害信息的传播，突出互联网的社会服务功能，着力营造良好的网络环境。

以国家互联网信息办公室为例，其角色既是指挥员又是战斗员。2014 年以来，国家互联网信息办公室深入推进“净网”行动，查处并关闭各类违法违规网站及栏目、频道，关闭违法违规论坛、博客、微博、微信、QQ 账号，组织新闻网站和商业网站进行自查自纠，清理各类违法有害信息。对网络敲诈和有偿删帖零容忍，发现问题一查到底。国家互联网信息办公室作出的“正人先正己”的承诺让广大人民群众和网民看到他们对“网络敲诈和有偿删帖”专项整治的坚定决心，更在整个行业中树立了自律的标杆和表率。

3. 主动引导，抵制谣言

网络谣言具有强大的破坏力，严重威胁网络环境，扰乱社会秩序。网络谣言的散播严重损害了我国互联网的形象和公信力。近几年来，我国致力于整治网络谣言乱象，严厉惩处网络谣言的制造者与传播者。但是对网络谣言的惩治仅靠执法部门的严打是远远不够的。要从谣言源头、传播途径和受众三个要素全面整治网络谣言现象，彻底切断网络谣言的传播链条，必须完善相关法律法规，形成常态化的监管机制，做到网民、网站、监管部门拧成一股绳，只有这样才能让谣言不攻自破、无处藏身。

同时，还要进一步通过疏堵并举“两手抓”的措施治理网络乱象。一方面，要依法惩处恶意制造、散播网络谣言的行为，通过惩处形成威慑效应；另一方面，政府部门要多发布社会关注的正面信息，传播正能量，不给网络谣言生存的空间。广大网民也要从自身做起，自觉接受法律和道德的约束，共同承担起净化网络空间的责任。对于一些未经相关部门核实的信息，不轻信、不盲从，更不能随意传播。广大网民只有坚持理性思考，不信谣、不传谣，才能有效压缩网络谣言滋生的空间。

4. 社会协同，网民自律

净化网络环境，需要自律、他律、互律三个机制的协同整合。其中，自律机制主要针对网络治理过程中的各社会主体而言，体现为各社会主体的自主管理；他律机制主要体现为政府行为，政府为约束网民提出各种约束与管理机制；互律机制则体现为各网络治理主体间的相互监督与相互制约。在打造和谐有序网络空间的进程中，一方面需要政府在管制约束各社会主体与自治、自律之间找到恰当的职能定位，另一方面还需要网络企业、网络组织和网民群体都能有一个相对充分和自由的发展，最终达到自律、他律、互律有机结合的境界。

着力培育网民自律行为，还需大力发挥网络先锋、意见领袖、网络名人的积极示范效应与引导作用。2013 年 8 月 10 日在中央电视台举行的“网络名人社会责任论坛”明确提出了网络名人共守的“七条底线”。“七条底线”具体指的是：法律法规底线、社会主义制度底线、国家利益底线、公民合法权益底线、社会公共秩序底线、道德风尚底线和信息真实性底线。“七条底线”为网络名人和意见领袖承担社会责任、传播网络正能量提出了约束和指引。网络名人和意见领袖带头遵守法律和道德规范、倡导社会诚信、维护公民个人合法权益，无疑会对广大网民形成强大的辐射和引导作用。

5. 国际视野，合作发展

培植网络土壤、净化网络空间，在做好“对内”工作的同时也不能忽视“对外”的重要性。世界各国都在积极探索对互联网进行有效管理的经验做法，加强本国文化的海外输出和传播，积极提升本国文化的国际影响力。

持续推进互联网国际治理法治化的进程，促进互联网和平、安全、开放、合作、有序发展。首先，要积极参与互联网领域情报共享、打击网络犯罪、网络反恐、应急演练、公共基础设施保护等国际规则和法治建设，加强交流、协作与合作，创造有利于保障我国网络安全的国际环境，提升我国在国际互联网领域的影响力和话语权。其次，要依法保障企业的海外权益，支持一批优势企业“走出去”、做大做强，形成一批具有国际竞争力的互联网支柱企业。最后，要积极推进国际互联网治理的法治化进程，推动建立多边、民主、透明的国际互联网治理体系，反对任何形式的网络战和网络军备竞赛，反对网络霸权主义和强权政治。

总之，培植健康的网络土壤，需要国家、社会、企业、网民等各方主体的密切配合；打造清朗的网络文化空间，需要法律、行管、自律三位一体的协同作战。“东风好借力，扬帆再启航。”面对瞬息万变的网络变化，“不日新者必日退”，每一位网络文化的参与者不仅应学会看网、触网、上网，要知网、懂网、用网，更应自觉做网络正能量的笃行者、传播者、推动者。习近平总书记强调：“我们要本着对社会负责、对人民负责的态度，依法加强网络空间治理，加强网络内容建设，做强网上正面宣传，培育积极健康、向上向善的网络文化，用社会主义核心价值观和人类优秀文明成果滋养人心、滋养社会，做到正能量充沛、主旋律高昂，为广大网民特别是青少年营造一个风清气正的网络空间。”最终，通过大家的共同努力，把互联网建设成为社会主义先进文化的新阵地、公共文化的新平台、人们精神文化生活的新空间。

参考文献

[1] 曾静平．网络文化概论［M］．西安：陕西师范大学出版社，2013.
[2] 莫茜．大众文化与网络文化［M］．北京：北京邮电大学出版社，2009.
[3] 陈艾芳．刍议高校优秀网络文化成果的转化与应用［J］．商业文化月刊，2015（18）：142－143.
[4] 吴穹，马永富．军队网络意见领袖的培养使用［J］．政工导刊，2015（2）：14.
[5] 胡洁萍，杨树林，孙丽．新媒体的特征及其发展趋势探析［J］．北京印刷学院报，2014（5）：22－24.
[6] 张泰来．冲突与合作：析新媒体环境中青少年思想成长与道德建构［J］．中国电力教育，2012（4）：127－128.
[7] 战晓苏．强化网络空间安全与发展的战略意识［J］．中国信息安全，2014（4）：36－40.
[8] 蔡振磊．虚拟社会网络监管体制的创新研究［D］．上海：复旦大学，2011.
[9] 张涛．论网络监管体系的建设与完善［J］．净月学刊，2012（3）：79－81.

第四章　把握网络舆论引导时度效

建设和发展网络先进文化，应有具体可行的机制与措施，以确保网络先进文化建设的航标和风向。在网络舆论生态越发复杂的今天，网络舆论引导工作的重要性日益凸显。做好网络舆论引导，可以最大限度为建设和发展网络先进文化扫除障碍、保驾护航。

舆论是民众对公共事务有影响力意见的表达，舆情是民众关于现实社会中各种现象、问题所表达的政治信念、态度、意见和情绪方面的总和。网络舆论是网民通过网络信息公开对公共事务有影响力的见解，网络舆情是网民通过互联网对政府管理态度、意见和情绪的总和。[①]

伴随移动互联网技术的持续发展，一些新媒体发布门槛较低，甚至出现了无把关的状态，导致各种思想舆论在网上叠加出现，一些错误舆论甚嚣尘上，干扰依法执政和司法公正，激化社会矛盾。新的形势对舆论引导工作提出了新的要求，只有在实践中不断探索创新，方能适应新媒体时代的新语境。

2013 年 8 月 19 日，习近平总书记在全国宣传思想工作会议上指出，舆论引导“关键是要提高质量和水平，把握好时、度、效。”[②]“时、度、效”作为舆论引导的关键正式提出，成为新形势下对舆论引导工作的新概括和新要求。这反映了中央领导集体对舆论引导工作的规律性认识，也是对马克思主义新闻观的创新发展。

---

① 曾红宇．基于网络舆情的政府公务人员媒介素养探讨［J］．新闻研究导刊，2014（5）：32 - 33.

② 倪光辉．胸怀大局把握大势着眼大事，努力把宣传思想工作做得更好［J］．党建研究，2013（9）：4.

一、网络舆论引导时度效提出的时代背景

把握好舆论引导工作的时、度、效，是习近平总书记对新时期宣传思想工作提出的新要求、新希望。网络舆论时度效的科学论断建立在对网络发展现状清晰的认识和理解之上，更建立在对科技发展趋势深刻的洞察和把握之上，具有很强的时代性、科学性、指导性。这一深刻论断是应对国际、国内新环境的复杂挑战的成果，更是互联网飞速发展的必然产物。

（一）“三期叠加”的国内环境

当前，我国正处于发展关键期、改革攻坚期和矛盾凸显期“三期叠加”的特殊时期。综观国际、国内局势，既有可以大展宏图的战略机遇，又有无数的风险挑战：利益格局的深刻调整使社会矛盾明显加剧；思想文化领域更加活跃和复杂，引领社会思潮、凝聚社会共识的难度也在加大。网络舆论本就复杂多变，伴随“三期叠加”的国内环境，网络舆论引导工作的重要性必然越发凸显。

（二）飞速发展的现代信息传播技术

网络的发展势不可挡，深刻改变了传统的舆论格局，并成为当前治国理政的重要工具。互联网在信息获取、文化生活、电子商务等方面的应用稳步增长的同时，其自身所特有的媒体属性也越来越强。

网络传递信息具有即时性、个性化、交互性的优点，但不可避免也具有碎片化、自我强化、剧场效应等特征。如何发挥网络信息传播的优势，规避网络信息传播的弊端，不让网络成为片面信息的放大器、社会戾气的集散地、违法信息的藏身地，应成为社会关注的焦点和理论研究的热点。

一般而言，网络信息分为正面的信息、阳光的信息和负面的信息、阴暗的信息。正向的信息令人振作、有信心，负向的信息使人沮丧、灰心丧气。当前的形势下，对网络信息的社会影响做出正负区分十分必要。处在社会转型期的我国比之前任何时候都更需要全体人民拨开迷雾，聚合正能量，凝聚起团结奋斗的共同思想基础。因此，需要建立明确的网络舆论导向，并借此建立一个使网络信息的片面、不健康、违法因素被网络环境随时随地自动给予筛选和甄别的网络舆论引

导机制。只有如此，才能使网络信息更好地服务转型期的中国社会，才能确保清朗网络空间的长治久安。

（三）日益多元的舆论生态

随着网络技术的继续发展，网络舆论生态也日益呈现出多元化的特性。这种多元化、复杂化体现在舆论的生成机制、表现形式、传播方式和生态格局等各个方面。网络和社交媒体的普及、私人化的微信朋友圈崛起使舆论生态进一步复杂化，舆论表达更为隐秘，这些新情况的出现都让舆情监测与研判的难度加大。

可以说，以上诸多方面都对舆论引导工作提出了新挑战、新要求，网络舆论引导工作日益成为网络宣传工作的重中之重。正因为如此，习近平总书记强调指出："做好网上舆论工作是一项长期任务，要创新改进网上宣传，运用网络传播规律，弘扬主旋律，激发正能量，大力培育和践行社会主义核心价值观，把握好网上舆论引导的时、度、效，使网络空间清朗起来。"①

总而言之，舆论引导的时、度、效是在对当前中国所处的历史阶段、社会舆论生态以及媒体的责任与定位的准确判断的基础上提出的，是对新形势下舆论引导工作精髓要义的高度提炼，舆论引导的时、度、效的方法论为网络舆论引导工作提供了新的思想原则和实践准则。

二、网络舆论时度效的内涵与意义

准确把握网络舆论引导时度效的内涵是做好网络舆论引导、取得网络舆论战主动权的基础。

（一）把握网络舆论引导时度效原则的内涵

权威观点认为，对时、度、效方法论进行理论阐释的标准，一是习近平总书记的新闻宣传思想，二是新闻传播专业准则，三是中国实际。综合以上三条准则，对时、度、效方法论较为科学的阐释如下。

时，一指时势，二指时效，三指时机。时的具体内涵应是三者的有机结合与

---

① 2014 年 2 月 27 日，习近平在中央网络安全和信息化领导小组第一次会议上的讲话。

统一。时势，指的是舆论引导过程中要有时代意识、大局观念和社会大势的宏观视野，做到审时度势、总览全局；时效，指的是在面对热点舆情时要具有时间意识，具有争分夺秒抢占第一时间、第一热点的能力；时机，指的是主客观条件是否具备，在推出特定的宣传内容时，时机是否成熟是判定标准之一。

度，一指尺度，二指程度。尺度是度的首要含义，即准则、规范、法度，从根本上来讲指的是新闻传播规律和行业规范。程度即分寸、火候，是一个量的概念。

效，指效果。对效的理解有比较一致的认识，就是要把准舆论引导的实效。在进行舆论引导时，一方面要尊重受众的参与权、知情权，重视和回应受众的关切，另一方面要因势利导，引导受众认清事物真相，确保取得最佳的舆论引导质量和效果。

从根本上说，时、度、效是一个有机联系的概念体系，三者密切相关、互为依托，在实践中三者也应协同考虑。时解决的是网络舆论引导的方向性、针对性问题，度解决的是舆论引导的科学性、艺术性问题，效解决的则是舆论引导的有用性、影响力问题，三者统一于一个完整的传播过程之中。在进行网络舆论引导的过程中同时做到切时、合度、有效，才是正确、科学的舆论引导。

（二）理解网络舆论引导时度效原则的意义

网络舆论引导时度效的提出深刻把握了网络舆论工作的规律性，是用好网络这一阵地、做好网上舆论工作的基本要求，在理论和实践层面具有双重的指导意义。

1. 进行正面宣传的基本依据

习近平总书记在全国宣传思想工作会议上指出，“坚持团结稳定鼓劲、正面宣传为主，是宣传思想工作必须遵循的重要方针”，强调要“充分发挥正面宣传鼓舞人、激励人的作用”。这一重要论述深刻阐明了宣传思想工作的职责所在、使命所在、价值所在，具有强烈的思想性、政治性、针对性和指导性。

当前的网络舆论引导正面宣传成效已较为明显，但同时也存在一些问题，如有的居高临下、照搬照抄，不够生动鲜活，有的模式化、套路化，不够亲和、接地气等。有效解决这些问题，就是要按照把握时、度、效的原则要求，有针对性地进行改进：突出舆论宣传的时效性，体现时代性，选择宣传报道的时间、口径，把握时代主题、认清时代特征、找准时代坐标；适应受众的心理、心态及情绪，做到适度而不失度、不过度，防止正面宣传出现负面效果；用群众语言、身边事例、鲜活方式，用大众喜闻乐见的形式，不断激发人们对正面宣传的关注和热情。

2. 实施舆论监督的根本准则

网络舆论监督，是指监督主体通过网络了解国家事务，交流意见看法，提供信息线索，对监督客体进行监督的一种监督形式。网络监督是人民群众的愿望，是党和政府改进工作的手段，更是社会发展进步的必然要求。

讲求时度效为网络舆论监督提供了根本的原则和遵循。时，就是要求舆论监督紧扣时代需求，围绕群众关注、政府重视、有普遍意义的问题开展舆论监督；度，就是在进行舆论监督时做到准确客观、以理服人，不道听途说、似是而非，不言过其实、断章取义，更不无视事实、凭空捏造；效，重点突出建设性监督，着重处理好微观真实与宏观真实、个别与一般、局部与全局的关系。

3. 开展热点引导的首要前提

民意历来是社会情势的晴雨表，在我国社会发展的关键期尤其要关注民意。在网络舆论越发重要的今天，从网络舆论的民意呈现中了解和把握社会发展的关键及社会热点问题已成为一个重要的方法。

社会热点作为网络舆论引导工作的一个难点，需要进行科学分析、正确回答、有效引导。当前，针对网络热点引导存在关键时刻失语、重要关头迟语、不着边际乱语等问题，只有切实用好时度效的方法，才能有的放矢、切实有效。时，要求我们强化时效意识，第一时间发出权威声音，做到先发制人、先入为主、先声夺人；度，讲求的则是引导的艺术，主动设置议题、适当转换议题、回应社会关切，掌握引导主动权；效，就是要求我们在面对舆论热点时注意引导策略，提高舆论引导的感染力和有效性，增强人民群众的认同度和向心力，赢得人民群众的信任、支持和合作。

三、网络舆论时度效的基本要求

把握网络舆论时度效是一项长期而艰巨的任务，既要有宏观设计又要有具体操作，牵动层面多，涉及人员广。但从根本上来讲，做好网络舆论引导的时、度、效有以下几项基本要求。

（一）筑牢网络舆论引导人员的思想防线

思想政治素质是对宣传思想工作者的基本要求，也是其最根本的素质。实践证明，思想政治素养过硬，舆论引导才能保持正确方向。把握好网络舆论引导工作的时、度、效，需要我们坚持用马克思主义科学理论武装头脑，提高理论素养，坚定理想信念，增强责任使命，以高度认真负责的态度做好舆论引导工作。事实证明，只有筑牢网络舆论引导人员的思想防线，才能有效保证抓住网络舆论引导工作的领导权和主动权。

目前，我国网民有 7 亿多人，已经形成了全世界最大的网络舆论场，这种情形带来了最为复杂的网络舆论生态。网上庞杂海量的信息内容、纷繁复杂的文化生态、多元多样多变的思潮纷争无时无刻不在影响着人们的思想观念、行为方式。可以说，互联网已成为各种利益诉求汇聚的平台、各种思潮交流交融交锋的重要渠道和意识形态斗争的前沿阵地。

在网络舆论引导中，必须毫不含糊地坚持党对互联网工作的领导，毫不含糊地坚持党管媒体、党管舆论。网络舆论工作面临的形势发展很快，网络舆论引导人员必须增强政治意识、大局意识、阵地意识，紧跟时代步伐，密切关注网络舆论生态的特点和发展规律。对于网络上的错误观点、奇谈怪论乃至歪曲造谣、恶意攻击，要敢于表明态度，敢于“亮剑”，敢于进行有力的批驳。

思想上有共识，行动上才能有共振。网络舆论引导人员要旗帜鲜明地宣传主流声音，理直气壮地批驳错误观点，春风化雨般地疏导社会情绪，努力成为传播网络正能量的主力军。

（二）提高网络舆论应对的大局意识、判断能力

“谣言止于智者。”做好网络舆论引导的时、度、效是一门学问，要学习书

本知识，更需要积累实践经验。着眼于解决好“本领恐慌”，具备良好的媒介素养和网络舆论应对能力，才能真正成为运用现代传媒手段的行家里手。但当前的情况是，许多地方及部门对网络舆论引导工作认识不够，对网络媒体、网络舆论存在误读和不适应，或者对网络存在偏见，不愿意或不敢接受来自“虚拟世界”的声音。因为对网络本身存在偏见，导致对网络民意的错误认知，对网络民意消极对待，对网络舆情置若罔闻，缺乏对网络舆情收集、研判、引导、应对、应用的工作机制。例如，在处置突发事件时，不是第一时间考虑怎么发布新闻、确定权威口径，而是采取堵、捂、盖的方法，甚至采用“鸵鸟战术”，主动放弃职责，损害了政府的公信力。

鉴于此，需要综合提升网络舆论引导的能力。在网络舆论引导能力的诸要素中，具备网络舆论应对时的大局意识和判断能力尤为重要。大局意识和判断能力是做好网络舆论引导的关键，更是把握时、度、效的基础。

1. 树立网络舆论引导的大局意识

做好网络舆论的引导，首先要树立大局意识。围绕中心、服务大局是舆论引导工作的根本要求。只有从党和国家工作的大局出发，舆论引导工作才能找到方向和目标，真正地为大局服务。把握舆论引导工作的时、度、效，就要胸怀大局、把握大势、着眼大事，始终与党中央保持高度一致，紧紧围绕事关大局、事关政治方向、事关根本原则的问题，未雨绸缪、推陈出新，不断推出更多更好的主旋律宣传精品。

2. 提升网络舆论引导的判断能力

做好网络舆论引导，还应提高判断能力。当今社会，各种社会矛盾和问题集中呈现，人们思想的多元性、多变性、差异性明显增加，意识形态领域出现了一些不容忽视的现象。把握舆论引导工作的时、度、效，需要善于运用辩证唯物主义和历史唯物主义的观点和方法观察事物、分析问题，透过复杂的现象看清本质、把握主流，弄清楚为什么要做、怎么做，做到审时度势、因势而谋、应势而动、顺势而为。

（三）强化网络舆论重点问题的引导素养

由于网络舆情在发生机制上的突发性、传播途径上的扩散性、后果控制上的难控性等特点，一些敏感度较高的政策领域如价格政策、公共安全及重大突发事件等问题更易受到网络舆论的关注。因此，在进行网络舆论应对和引导时要尤其突出对社会热点、社会情绪、重大突发事件等网络舆论重点问题的引导，以免事后被动反应。

1. 做好网络热点的舆论引导

网络舆论热点是网民思想情绪和群众利益诉求在网上的集中反映，是网民热切关注的聚焦点，是民众议论的集中点，反映出一个时期网民的所思所想。网络舆论热点紧扣社会舆情，往往是社会重大事件，或是与群众切身利益密切相关的问题，很容易在短时间内引起网民广泛关注，对现实社会产生深刻影响①。互联网在为个体自由表达意见、参与公共事务讨论提供便利条件和广阔空间的同时也为一些有害信息和嘈杂声音提供了传播渠道，网络舆情热点也势必存在一定的局限性。如何对网络舆论热点进行科学有效的引导已成为网络舆情引导工作面临的一个重要课题。

（1）及时捕捉网络舆情热点，增强对有关热点的预见性

在分析网络舆情形成发展规律的基础上可以发现网络舆情热点的出现是有规律的，也是可以预测和把握的。因此，要及时将小事件放到大背景下观察和考量，做到提前预测，增强对有关热点的预见性。“夫风生于地，起于青蘋之末。”重要网络热点出现前往往是有一定征兆的，这就要求舆论引导的工作方式由被动应付转为主动出击，在小热点演变成大热点之前、新热点拖成老热点之前、简单热点衍化成复杂热点之前，第一时间发现苗头和倾向，做好预测。只有这样，才能确保网络舆情热点的舆论引导工作更加适应形势发展，保证网络舆论的健康发展。

（2）坚持正确舆论导向，以正面舆论压倒负面舆论

网络宣传必须坚持正确舆论导向，营造积极、健康、向上的主流舆论，用正面宣传占领社会舆论主渠道，用正面宣传挤压各种杂乱声音的生存空间，用正面声音消解各种错误、反动观点的不良影响。尤其是面对一些社会重大事件，必须采取审慎的态度，报道务求客观、真实、全面、公允，避免偏听偏信，避免信息

---

① 姜胜洪．网络舆情热点的形成与发展、现状及舆论引导［J］．理论月刊，2008（4）：34－36.

不对称，避免误导社会视听。

（3）推动网络媒体与传统媒体良性互动，相互放大正面舆论

对于网络舆论热点问题的引导，网络媒体与传统媒体要相互借鉴优势，实现良性互动，共同助推正面舆论的引导和宣传。就网络媒体而言，网络的海量性、即时性、数字化等特性使网络媒体通过链接、专题等形式把传统媒体的相关报道和不同的观点、评论集纳在一起，构建了一个事件的全景图及观点的大碰撞。网络媒体还通过论坛、言论栏目就传统媒体报道的热点或重大问题设置话题，组织网民展开讨论，进而迅速形成网上舆论。在某种程度上，网络舆论既引发自传统媒体，又集中和放大了传统媒体舆论。另外，传统媒体可以利用自身优势，通过对传播效果的控制引导网络舆论发展的方向。这是因为传统新闻媒体与人们的关系已经存在相当长时间，人们对它们已有了较多的依赖与信任。特别是一些大的新闻机构，在人们心目中的地位十分牢固。因此，当人们在网上获取新闻信息时，总还会天然地把传统媒体特别是有影响力的传统媒体经营的站点作为其主要甚至是首要的选择。传统媒体本身所具有的公信力、权威性和可靠性可对网络舆论进行选择、过滤、放大，调控网络舆论的导向。

2. 做好社会情绪的舆论引导

在网络社会中，个体情绪极易蔓延、扩大、发酵，导致社会情绪的形成。对各种各样的社会情绪，不面对、漠然或反感都是不可取的。面对社会情绪，要实事求是、就事论事地加以引导，不乱贴标签，不乱扣帽子，在尊重事实的基础上分析说理，而不应以吸引读者眼球为目的，更不能哗众取宠，用夸张的标题、语言对事件加以渲染和放大。对群众中存在的对党和政府工作的意见，对由现实利益问题引发的不满，要及时设置议题，积极进行疏解，避免积少成多、激化矛盾，避免形成恶性倾向、酿成重大事端。

在网络舆论引导中，“对怨气怨言要及时化解，对错误看法要及时引导和纠正，让互联网成为了解群众、贴近群众、为群众排忧解难的新途径，成为发扬人民民主、接受人民监督的新渠道。”① 有效引导社会情绪，可以重点从以下几个方面着手。

---

① 2016 年 4 月 19 日，习近平在网络安全和信息化工作座谈会上的讲话。

（1）完善制度生成机制

制度和政策是保障民众切身利益的基础，其本身的稳定性与可靠性是促进社会情绪转变的基石。在制定制度和政策的过程中要注重调研，广泛听取和采纳群众的意见，深入了解其利益诉求，全方位掌握社会心态，为制定和完善制度、政策打下牢固基础。

（2）加强反腐倡廉建设

腐败事件影响恶劣，极易对社会情绪产生不良的引导。腐败案件虽然只发生在少数领导干部和公职人员身上，但会严重损害党在群众心目中的形象，形成大众性的逆反情绪。要始终不渝坚持推进反腐倡廉建设，把权力关进笼子，推进各项社会事务的公开、透明，积极落实群众的知情权、参与权，以公开、公正、透明的实际做法大力塑造群众的阳光心态，积极引导社会情绪的良性发展。

（3）构建社会调节模式

多年来，我们党在政治思想工作方面总结了一系列科学的做法和经验。当前，应充分利用这些传统优势，对社会情绪第一时间加强干预，及时进行疏导和调节。与此同时，还应与时俱进，改革和创新政治工作的方式和方法，切实发挥新方式方法在心理疏导和社会情绪调节中的重要作用。

3. 做好重大突发事件的舆论引导

在重大突发事件如重大自然灾害、事故灾难、刑事案件、公共安全事件等面前要做好舆论引导工作。做好重大突发事件的舆论引导关系到社会稳定、民心安稳，关系到党和政府的威信，关系到我国的国际形象。

在突发网络舆情事件发生和演变过程中要对网上的不实报道、蓄意炒作、刻意渲染和非理性等情况第一时间予以理性引导，公布、澄清事实，揭露、消除谣言，稳定民心民情。在多渠道、多手段实时报道的基础上强化正面引导，为各种舆情危机的有效化解提供有力支持。

在当前多元化的大众传播环境里，对突发事件的舆论引导要坚持“及时准确、公开透明、有序开放、有效管理、正确引导”的原则，第一时间发出权威声音，第一时间澄清真相，及时化解网民误解，用事实的力量消灭谣言的制造途径与传播空间。

先发制人，后发制于人。在公众事件面前，如果新闻媒体保持沉默，无疑会助长谣言的扩散。鉴于此，媒体特别是网络媒体要积极发挥自身优势，利用网络传播快捷性的特点，在重大突发事件发生时及时与相关部门沟通，力争第一时间发布权威信息，让谣言止于事实，及时进行正面引导，稳定民众情绪，避免社会恐慌。同时，针对网民最关心、最困惑的问题，要组织专家学者进行详细解答，或请相关部门直接与网民对话交流。另外，还要及时对重大突发事件进行后续报道，通过准确、客观、全面的报道向社会和网民提供全方位信息，满足不同社会群体及不同层次的信息需求，消除可能产生的负面舆论热点和信息盲点。

四、网络舆论时度效的关键支点

习近平总书记强调，正面宣传关键是要提高质量和水平，切实把握好时、度、效，增强吸引力和感染力。如何有效把握网络舆论的时、度、效？应从以下几个关键点做起。

（一）占领网络舆论之“时”

面对多样复杂的舆论主体、诉求和环境，做好舆论引导工作，必须加强对“时”的把握，占领网络舆论引导之“时”。

在“时”上，要求我们对新闻事件做出快速反应。网络时代，新闻信息的传播和以往相比发生了翻天覆地的变化。过去，新闻信息发布的顺序是传统媒体第一，然后才是网络媒体。当前，信息资讯技术高度发达，网络媒体迅速崛起，重要新闻信息的发布顺序已变为先网络媒体后传统媒体。一般而言，信息首先通过官方微博、官方新闻网、部门门户网站等发布，再在报纸、广播电台、电视台等传统媒体进行报道，只有如此才能有效防范不良信息的泛滥及其带来的负面影响。通常来讲，报纸的报道周期按“天”计算，针对“昨天”的事进行报道；电视的报道按“小时”计算，瞄准聚焦“今天”的事；网络报道的时间则精确到分、秒，随时记录“此刻”的事。在信息高速传播的网络时代，如果对新闻事件不能第一时间做出反应、在恰当时间给予回应，就会时时落后、处处被动。因此，重视时效，才能赢得网络舆论引导的主动权和制高点；占领网络舆论之“时”，抢占第一时间，应成为做好网上舆论工作的重要考量指标。

但是重视“时”并不是说越快越好，快速做出反应并不等于匆忙表态。匆忙容易草率，做出不理性的回应与引导。在新闻事件刚刚发生后，还需要追踪后续、持续跟进和细致观察。因此，除了抢占时间先机之外，还要选择时间节点进行舆论引导，并根据舆情变化做出调整，适时发声。

占领网络舆论引导之“时”，最重要的是实现时间、时机的有机结合。选择正确时间，找准有利时机，是在众声喧哗中巩固壮大网络主流思想舆论的关键。

1. 选择时间

网络舆论引导中，对时间节点的把握一般可以分为及时和不及时两种情况，这两种情况构成了影响引导成效的重要因素。何为及时的网络舆论引导？及时的网络舆论引导可以抓住舆情发展的各个节点主动发声，积极采取措施，与舆情发展同时、顺时、预时。反之，不及时的网络舆论引导则是错过人们可以接受的传播周期，发声迟滞，在应当采取举措的各个时间节点延时、拖时或超时。舆论引导的关键就是要把握不同的引导主题和时间节点，并采取不同的引导策略。

有学者提出，及时发布信息，要建立舆论引导黄金 4 小时的权威发布机制，具体操作如下：

以网络突发事件发生起的 24 小时计，第一个 4 小时（4 次），每小时发布一次网络突发事件的进展情况；第二个 4 小时（2 次），每 2 小时发布一次网络突发事件的应对情况；第三个 4 小时（1 次），4 小时内发布一次网络突发事件的处理情况；第四个 4 小时（1 次），4 小时内发布一次网络突发事件的善后情况；最后 8 小时（1 次，相当于 4 小时 0.5 次），对本次网络突发事件从发生、发展、高潮到消解进行全方位总结性发布。①

这套完整的 4－2－1－1－0.5 的黄金 4 小时信息发布机制，面对重大网络突发事件，体现出权威性、透明性、及时性和引异性，能够真正做到遏制谣言传播和恐慌情绪，确保舆论时刻处于正确的导向。

2. 找准时机

选择不同的时机进行舆论引导，产生的社会效果大不相同。选择适当的引导

① 刘怡君，马宁，王红兵．创新社会管理中的网络舆论引导研究［J］．中国科学院院刊，2012（1）：9－16.

时机，方能有效把握引导效果。

（1）把握时机、先入为主

信息认知中存在着先入为主效应。人们最初接触到的信息往往较长时间内在头脑中占据着主导地位，甚至会左右对后来获得的新信息的解释，影响人们后续对客观事物的认识。

网络传播有着信息公开、传播快捷、影响面广等特点，微博、微信等各种新兴媒体的日益普及使得人人都能担负原本只有媒体和专业记者才能承担的信息传播职能，媒体、网络和网民事实上都在和政府争夺对事件的第一定义权。这就对热点问题或突发事件的信息处置和舆论引导提出了更高的要求。因此，必须第一时间主动发布权威信息，让人们最初接受的信息准确无误，减少后续舆论引导的压力。如果不能做事件信息的第一定义者，而是让非事件相关的社会大众和网民发布和解读信息，必然导致舆论引导上的被动。

2008年5月12日下午2点28分汶川发生地震，报道最快的是新华网，震后18分钟即发布了消息；震后28分钟，成都交通电台发布消息；中央人民广播电台在震后36分钟发布消息。这种第一时间发布权威信息的主动性得到中央的肯定。所谓第一时间，就是在第一时间段发布和解读信息。对于地震这种灾难情况的报道，越早报道越能在舆论引导中处于主动位置，报道效果越好，也越能提升媒体的公信力和影响力。

2010年8月2日即巴西利亚时间8月1日晚，中国丹霞项目最终在第34届世界遗产大会上表决通过，江郎山成为浙江省首个世界遗产。从信息传递速度来看，《衢州晚报》最快，其8月2日头版以《今天凌晨5时，记者被巴西来的一条短信惊醒：江郎山成为浙江省首个世界自然遗产》为题率先报道。这篇报道获得2010年年度浙江新闻奖一等奖。

2013年7月6日上午11点半，韩国亚洲航空公司的客机在美国旧金山国际机场降落过程中发生事故。旧金山与北京时差为15小时，也就是说，新闻发生在北京时间7月7日凌晨3时30分，这天是星期天，大家都还在睡觉。7月7日清晨，这条国际新闻才出现在凤凰网等媒体的头条。7日上午10点10分，衢州新闻网最早正式报道《韩亚航空客机在美国失事，机上有35名江山师生》；下午5点左右，衢州新闻网《韩亚空难》专题上线。这样的速度和分量令网民满意。

从以上几个实例中可以看出第一时间播报权威信息在舆论引导工作中的重要

性。特别是对于突发事件，对时间的精确度要求更高，应先入为主，第一时间播报。

（2）利用契机、乘“需”而入

随着社会转轨转型，各种矛盾尖锐突出，社会环境深刻变化，围绕各种现实问题的利益争夺和舆论对抗多元多样，舆论引导的形势更加复杂。有的事件需要及时引导，拖延会带来引导上的被动；有的事件则需要根据后续发展选择时机，时间上的抢先可能给处置工作造成被动。舆论引导要科学研判、准确预测，在纷繁复杂、不断变化的局势中把握舆论发展的趋势，抓住有利契机进行舆论引导，决不能贸然草率、大而化之。对于环境污染、贫富不均等一些暂时不具备彻底解决条件的社会问题，不能不假思索地“曝光”，否则不仅不利于解决问题，反而会激化社会矛盾，增加舆论压力。应当在把握人们认知需求的基础上寻找合适的时机，如当事件出现某种变化、遇到某种转折时再做出评价判断，表明意见立场，从而起到更好的引导效果。

（3）应对危机、合理深入

在多元化的新媒体传播环境中，突发事件发生后的 8 小时内，网上的信息传播和跟帖讨论就会达到高潮。在危机面前不能采取“鸵鸟战术”，充耳不闻，也不能抱着侥幸心态，蒙混过关。即使已经出现危机，如果舆论引导及时、得当，并不一定会产生负面影响。反之，如果信息不透明、不公开，正面的声音跟不上，负面信息就会蜂拥而至，成为主流。各种来源不明、指向不明的信息扩散的过程也正是舆论引导失控的过程。应对危机最重要的是充分掌握相关信息，以主动及时的信息发布公开问题和不足，以坦诚的态度展现履责和担当，赢得公众的理解和信任。

总之，滞后、被动一直是网络舆情危机应对中的两大顽症。查阅相关资料可以看到，“周正龙事件”是在发生后 9 天政府开始介入，“躲猫猫事件”是第 7 天介入。客观地说，对这两个热点事件的干预时机是滞后的。另一项资料是关于网民对“央视大火”事件评论的数据统计，评论主要集中在事件发生后的半小时至一小时。事件发生一小时后，网民的评论数量趋于一个恒定量，即每分钟 8 ~ 10 条。由此可见，从传播扩散到形成网络舆情指向的大方向，需要的时间大概就是事发半小时到一个半小时，这一时间是危机处理和对舆情风向进行引导的最佳时机。另一个更重要的时间节点是事发后的 12 小时。超过 12 小时，有关新闻即由地区性、局部话题转为区域性甚至全国性、热点话题。也就是说，事发后12小时内，网络舆情压力多数还处于潜伏期，一旦超过时限，将会进入爆发期。而在潜伏期，越早回应越主动，第一时间处理原则最重要。否则，舆论的压力会让我们疲于应付。在占据网络舆论引导之“时”的同时，更应按照“积极稳妥”的原则慎重引导。特别是在进行突发事件的网络舆论引导时，因其发生的原因、问题存续的根源、解决问题的措施都存在不同程度的复杂性和综合性，应根据权威调查情况慎重报道、逐步发布。如在事态尚未完全调查清楚的情况下一味追求报道的时效性，盲目追求快发、早报，一方面容易引发公众对显性的、直接的原因进行片面放大、过分解读，另一方面会导致公众对隐性的、间接的原因进行妄自揣度、以讹传讹。

（二）衡量网络舆论之“度”

“度”要求对网络舆情做出准确判断。处在社会转型期，网络舆情环境可谓错综复杂，其中既有理智的也有情绪化的，既有真实的也有虚假的，既有建设性的也有破坏性的。如果不能对网络舆情做出精准判断，就难以掌握舆论引导之“度”。这就要求建立健全重大舆情会商研判制度，加强对网络舆情的甄别、分析，坚持真实客观，准确判断舆情。在此基础上，还应拿捏好报道的数量、角度、尺度等，不能冒进，也不能保守。同时，还应保持与网络舆论场的良性互动，与其进行积极的对话与交流，在网络舆论与主流舆论之间找到最大的对话与合作空间，凝聚起最广泛的共识。

1. 找对“方向”

把握好舆论引导的“度”，首要的任务就是要站稳立场，找对方向，把握导向。遇到热点、难点和敏感问题，特别是关系大是大非的重大问题，必须始终保持清醒的头脑，坚持正确立场和导向，增强政治敏锐性与鉴别力，坚决与党中央保持高度一致。绝不能被一些表面现象和片面观点所迷惑，更不能随波逐流。总之，网络舆论引导的“度”要严而又严、慎而又慎，找准方向、把握导向方能把好舆论引导的政治关。

2. 掌握“火候”

掌握网络舆论引导的“火候”，就是要注意掌握社会思想动态和倾向性、苗头性的舆情信息，在认真分析和研判的基础上找准时机、积极应对，积极掌握舆论引导的主导权。不同的舆情需要掌握不同的引导时机和引导尺度。对需要马上回应、及时引导的事情绝不能拖拖拉拉，对刚刚发生、后续发展有待进一步观察的事情就需要选择合适的时间节点进行引导。

3. 拿准“尺度”

作为一个拥有13亿人口的大国，每天都会发生很多问题。在面对不同问题时，网络舆论引导要讲究方法，拿准尺度，在坚持客观理性的基础上避免把点上的问题说成是面上的问题、把个别问题说成是整体问题、把局部问题说成是全局问题。

网络舆论要进行正面的引导和宣传，但就正面宣传这一问题而言同样也存在拿准尺度的问题。正面宣传具有鲜明的主观意图，因此更应当尊重真实、客观、全面的新闻传播规律，避免“好心办坏事”，使正面宣传产生负面效果。另外，正面宣传并非越多越好。要把握好舆论引导与舆论监督的合理平衡，防止受众出现接受疲劳，甚至抵触和反感，做到适度而不过度。

在进行网络舆论引导时，对典型的报道同样也要拿准尺度，做到适度报道。新形势下，个体意识的增强对典型报道发挥舆论引导、榜样示范作用提出了更高的要求。在多元话语、多元价值取向的自媒体时代背景下，典型人物的报道需顺应时代潮流，符合时代的需求，准确把握典型宣传的主题，充分体现时代精神和时代内涵。

4. 扭住“准度”

准确把握网络舆论的各个节点，才能把握住舆论宣传的“准度”。“准”是舆情引导之基。扭住“准度”，要求各个环节舆论引导工作的开展都要切准时机，准确掌握社会关注点、转折点和峰值点，并适时开展工作。首要的工作就是对舆情发展趋势进行研判和预测。通过分析社会关注热点、网络舆情走势、网上代表性观点等情况，确定事件所处的发展阶段。尤其要注意抓好事初、事中、事后的关键节点，增强舆论引导的艺术性。通过事件发布、信息传播、观点引导等，将事件的原因、经过等要素公开发布，使事实真相和官方声音以更快的速度、更广的范围传递给公众，以积极正面的观点对受众进行引导，调控舆论环境，掌握舆情走势。

（三）突出网络舆论之“效”

“效”就是要注重舆论引导的实效质量。在尊重受众的参与权与知情权、回应群众关切的基础上，要善于因势利导，引导受众正确认识真相，确保取得最佳舆论引导效果。

1. 重时效

重时效，重在解决问题。面对舆情，封、堵、躲、压、瞒等错误做法只能坐失时机、尴尬被动。面对问题，积极承担责任，反省自身工作，澄清事实、表明态度、拿出措施，才能确保引导的时效。

吉林幼儿园“喂药”事件中，当地政府迅速公布信息，一方面为所在幼儿园的孩子们进行免费体检，并组织专业医生对体检结果进行分析；另一方面积极协调，妥善解决后续问题。这两方面的举措不仅给了家长一个交代，更关注到了幼儿园的后续发展，解决了家长最核心的利益诉求，从而较快地化解了舆论危机。为确保取得最佳舆论引导效果，一般来说，初期以表态为主，“快说经过、慎报原因”；中期表明具体措施，“边做边说”，赢得理解；后期要修复形象，争取使负面新闻发挥正面作用，使舆论监督成为促进工作的重要手段。

2. 做评估

做评估，要对传播效果及时做出评估。预判、评估舆论反响是宣传思想工作者的基本功，也是做好网上舆论引导工作的重要一环。做好效果评估，需要对网络舆论生态进行深入研究，更需要对舆情走势进行透彻分析。

3. 把疗效

把疗效，通过澄清事实引导舆论。在舆情引导中要进一步加大网络舆情监测工作的力度。重要的舆情要形成监测报告，及时转请相关地方和部门。以事实说话，避免失真的数据和空洞的说教，真正起到正面引导作用。把疗效是舆情工作的重中之重。

4. 保长效

保长效，形成常态工作机制。舆论引导工作关键就是要建立一套常态化的工作机制，确保工作的有序开展，形成稳定、健康的工作局面。建立常态化的工作机制，应从建立舆情信息收集机制、研判机制、引导机制、服务决策机制等方面全面确保常态工作机制的形成。

在网络舆论引导中，时、度、效三原则是三个相对独立的要求，但它们又相互关联，是密不可分的一个有机整体。在进行网络舆论引导的实践中，要将它们作为一个有机的整体统一起来。“时”解决的是时间、时机的问题，“度”解决的是引导方法的科学性、艺术性的问题，“效”解决的是引导手段及结果有用性、影响力、引导力的问题。三者统一于一个完整的舆论引导过程之中。同时达到恰时、适度、有效，才是良好完整的网络舆论引导。在三者的关系中，时是第一位的，统率度和效。度、效都是在特定时间之下实现的，受到时间的规制。时、度把握得怎么样，要从效的方面来衡量。同时，时、效在实现的过程中也要考虑度，如效度，即有用的程度、效果的大小。

网络舆论引导的时、度、效方法论为我国的舆论引导工作提供了新的思想原则和实践准则，进一步深化了对中国特色社会主义舆论引导规律的认识，是建设和发展网络先进文化的重要抓手。把握好网络舆论引导时、度、效不是简单的工作要求，而是非常慎重、非常艺术、非常细致的工作。要摸透网络传播时、度、效的规律，对接网民心理与需求，创造网民喜爱的表达方式，真正成为运用现代传媒新手段新方法的行家里手，不断提高网络舆论工作的吸引力和感染力。

参考文献

[1] 张洪超，吴青熹．舆论引导中把握好时、度、效［J］．新闻爱好者，2013（12）：39－41.

[2] 张勇锋．舆论引导“时、度、效”方法论研究论纲［J］．现代传播，2015（10）：51－56.

[3] 孔建会．浅析网络舆论监督［EB/OL］．（2011－08－17）［2016－10－22］．http：//www. cssn. cn/sf/bwsf_ cb/201310/t20131022_ 447650. shtml.

[4] 曾德保．营造网上正面舆论强势的几点思考［N］．中华新闻报，2007－08－15（14）.

[5] 薛素芬．当前网络社会情绪分析［J］．新闻爱好者，2011（14）：76－77..

[6] 邱奕明．论舆论引导中对“时”的把握［J］．现代传播，2014（4）.

[7] 杨国平．浅论如何做好网络时代的舆论引导工作［N］．安徽工人日报，2012－10－26（02）.

[8] 别志雷．遵循“三适”原则 引导舆论重心［N］．中国新闻出版广电报，2015－07－28（004）.

[9] 陈寅．时度效的内涵、应用及着力点［J］．新闻战线，2014（7）：23－26.

第五章　反击西方网络文化渗透

美国大片、摇滚音乐、迪士尼卡通，孩子们越来越熟悉；麦当劳、肯德基、比萨饼的生意在中国越来越红火；XO、人头马、威士忌的销售势头日盛一日；可口可乐、百事可乐更是中国饮料市场上的“大哥大”。这就是悄无声息的渗透。

信息时代，通过文化渗透达到不战而屈人之兵的目的，成为西方大国普遍采用的霸权新战略。实施有效的反渗透，保障我国网络文化安全，就成为了重中之重。

所谓“文化渗透”，即指西方大国打着文化普遍主义的旗号，把自己的意识形态、文化、价值观念及民主制度等渗透到其他民族文化中，甚至阻碍、中断了其他文化的发展，使世界文化朝单一向度发展。文化作为不同于经济、军事的一种“软”手段，既可以长期固守国家安全的底线，也可以用来对他国家的文化领域进行侵蚀。

一、西方网络文化渗透的基本特点

进入信息时代，西方网络文化的渗透成为美国颠覆他国政权的主阵地。对此，习近平总书记在2014年中央网络安全和信息化领导小组第一次会议中就强调，网络安全和信息化是事关国家安全和国家发展的重大战略问题。保障国家网络安全，要求我们在西方网络文化渗透方面一定要保持高度警惕。

（一）渗透目标的政治性、战略性

在当今信息化时代，信息共享是人类文明发展和社会进步的表现，但与此同时也不可忽略信息传播中隐含的某种政治动机和战略意图。

1. 渗透目标的政治性

社会主义和资本主义是两种不同的社会制度。社会主义的生产资料为公有制，即全民所有，而资本主义的生产资料为私人所有。第二次世界大战后，美苏之间的冲突扩展为以美国为首的资本主义阵营和以苏联为首的社会主义阵营的对抗，战前资本主义世界围绕重新划分世界政治地图的斗争被战后世界以意识形态和社会制度对立为界标的全面“冷战”所代替。随着社会主义阵营的形成与发展，在国际舞台上出现了两大阵营的对峙与斗争，这种对峙与斗争贯穿整个20世纪50年代，表现在政治、经济、军事各个方面。

20世纪50年代，以苏联为首的社会主义阵营面对以美国为首的资本主义阵营的威胁，为了维护自身的安全、主权和利益，把各种阶级共同执政的联合政府转变为共产党单独执政，巩固了无产阶级专政，高举和平、正义、民主的大旗，在国际上团结一切可以团结的力量，全力支持被压迫民族和人民的解放运动。与此同时，西方资本主义阵营把社会主义阵营视为“洪水猛兽”，反社会主义、反共产主义的浪潮日甚一日。面对一些新生的民主政权，资本主义阵营也千方百计地实施颠覆和破坏。在意识形态领域，两大阵营进行着激烈的对抗和较量。

苏联解体的悲剧是以美国为首的资本主义阵营对社会主义阵营实施“和平演变”的“成功案例”。苏联的解体使世界上社会主义的发展受阻，损失惨重。世界的版图瞬间从“两极”霸权转变为“单极”世界，美国称霸世界。随着21世纪中国的和平崛起，再一次引起社会主义阵营和资本主义阵营的冲突警报。毕竟中国的发展势头不容小觑，中国的社会主义身份不容改变。这对于美国来说无疑是巨大的“挑战”，美国一定会在有意和无意中想改变中国的“色彩”。全球化、全球传播带来了交流的无障碍、沟通的无阻塞，这种畅通无阻的传播很有可能滋生意识形态的颠覆，因此务必要时刻保持警惕。可以说，美国对于“谁姓资、谁姓社”从未忘记，并且从未放弃颠覆和演变的念头，对此要有清醒的认识。

2. 渗透目标的战略性

自15世纪末哥伦布发现“新大陆”以来，西方国家就一直在向世界各地进行大规模的扩张。英国一度号称“日不落帝国”，在控制全球政治、经济和文化格局的同时也控制着全球的信息交流，其间路透社几乎独霸全球新闻。

美国作为一个后起的资本主义国家，早在19世纪末便开始为准备取得世界霸权而忙碌，后来凭借强大的经济、政治、军事等实力，将“触角”越过大西洋、太平洋，进入西欧、地中海、中东和远东地区，成为名副其实的资本主义世界的“霸主”。美国一再宣称：“领导世界的责任历史地落到美国头上。”为此，美国很快便着手全球扩张的战略目标。

美国对社会主义国家的遏制战略由来已久。美国无线电学者罗乐说过：“在我们这一代，观念能够使人民推翻政府和麻痹踞守在钢筋水泥工事背后的军队，广播已成为征服的绝顶重要的工具了。”不妨看一下美国对社会主义阵营实施渗透的战略路线图。20世纪60年代，肯尼迪担任总统后，就要把他“和平演变”的手段放在广播上，他要让“美国之声越过国境和海洋，越过‘铁幕’和‘石墙’”，去“同共产主义进行你死我活的竞争”。20世纪80年代，里根担任总统后，继续保持美国“维护世界和平”的“老大”姿态，他要让广播传媒快速发展，并在“和平演变”中发挥“破城锤”的效能。20世纪90年代，时任美国总统克林顿推陈出新，告诉全世界美国在致力于建立一个“真实、公正、独立、客观的发声体系”——“自由亚洲电台”，“还世界一片朗朗乾坤”，但是真实的情形和包藏的祸心人尽皆知。21世纪初，时任美国总统小布什就职时的“战略对手”暗合了舆论渗透的战略方向，并始终把意识形态的对抗放在重要的位置。2015年，美国总统奥巴马一直强调要“建立良好的关系”，对应各方利益砝码，以期通过对社会主义国家阵营进行不动声色的、长期的意识形态渗透达到“不战而屈人之兵”的战略企图。邓小平同志在20世纪80年代末就告诫全党：“西方国家正在打一场没有硝烟的第三次世界大战。”①

“冷战”结束以来，美国充分利用其对大众传播媒介的垄断优势，全方位地对社会主义阵营进行文化渗透。这种“一以贯之”的文化渗透比用飞机、导弹

① 邓小平．邓小平文选：第3卷［M］．北京：人民出版社，2001：344．

发动的战争更为“有效”。一旦文化渗透成为美国长期的国家战略意志，这样的“战略性”会使其对社会主义阵营的杀伤力和破坏性大大增强，从而使别的国家丧失民族特性，丧失自我，在潜移默化中接受西方的观念与制度。这正是美国“软霸权”战略中文化渗透的宗旨。

今天，人类社会正在实现由工业社会到信息社会的飞跃，信息传播业发达的国家利用其技术优势，利用其无孔不入的特性，发动“攻心战”“思想战”“颜色革命”，自然会起到“很好的效果”。美国利用因特网的全球性仍然在战略目标上继续推进，向别国进行意识形态渗透，灌输美国的价值观，倾销美国的文化产品，宣扬美国的生活方式。

（二）渗透态势的多元性、复杂性

西方大国的网络文化渗透简单地说就是凭借其政治、经济、语言、技术优势在全球范围内进行渗透，力求建立有利于巩固和发展其政治、经济霸权的“全球文化”。随着信息时代的到来，这种渗透已经由简单的、单一的侵略转变为复杂的、多样的、全方位的渗透态势。

1. 渗透的多元性

进入21世纪以来，随着通信技术的发展和互联网的普及，信息获得方式越来越呈现出多元化的趋势，美国的渗透战略也呈现出多样性、全方位、立体化的格局。

如果说当年老牌帝国主义是用军舰大炮强力输出其政治制度和经济模式，当代文化帝国主义则是通过网络媒介对发展中国家的人民——特别是青年一代——实施价值观与人生观的影响。从这个意义上说，当代文化帝国主义就是指以美国为首的西方发达国家利用电视、广播、新闻出版媒介、影视音像产品以及文化信息产业等形式输出其文化和价值观，对发展中国家进行有形无形的主宰、支配、统驭和控制，以达到军事殖民主义和重商殖民主义时期难以达到的目的。

信息是一种战略资源，谁掌握了信息传播源和信息传播载体，谁就有能力影响整个社会。随着信息技术的迅猛发展，渗透从媒体本行业的合并扩展到跨行业的合并，从而改变了媒体原有的形式和结构，形成了广播电视业与信息产业、出版业相互融合、渗透的新格局。信息时代，传媒与网络的合并形成了一个在全球范围内利用多媒体平台和网络通信手段提供交互式信息娱乐内容的媒体巨舰。这一系列新的兼并不是传统的公司与公司之间的简单兼并组合，而是两种产业寻找新的机会的一种结合。通过这种新的结合，形成一种新的产业、新的服务方式，在获得最大市场的同时达到垄断的目的。传统媒体和新兴媒体各有利弊，相辅相成，构成了21世纪传播的立体架构。例如，美国对外宣传的“喉舌”——“美国之音”至1970年便已使用40多种语言、通过90多个发射波段向国外广播。

2. 渗透的复杂性

当今，网络文化同社会政治、经济的联系日益密切，西方大国网络文化渗透战略已经在政治、经济等领域内多元化地出现，并且“你中有我，我中有你”，纠缠在一起。

一方面，进入21世纪以来，苏联解体、东欧剧变的伤痛给社会主义阵营拉响了警报，社会主义国家的警惕性提高了，辨别力增强了。

另一方面，苏联解体使美国人看到了“兵不血刃”的“奇特魔力”，也见证了“和平演变”的强大力量，更坚定了其“颜色颠覆”的价值信念。他们相信，终有一天美国的棠棣花经过这种悄然剧变将会开遍世界的每个角落。这种“好处”和“甜头儿”不仅促使美国继续故伎重施，而且手段更加隐蔽、更加复杂、更加阴险。我们经常看到，在联合国人权大会上，美国以改善中国人权为借口频频抛出反华提案。看到中国的改革稍有成果，一些人便别有用心地炮制“中国威胁论”，以“冷战”的眼光和美国的价值观看待中国，并在国际上大造舆论，影响中国与周边国家的关系。

传媒复杂的现状无疑增加了“反渗透”的难度，也时刻提醒我们要在扑朔迷离的外表下找准对手的渗透手段和渗透角度，以便及时提出应对策略。

（三）渗透手段的隐蔽性、欺骗性

在现代文明条件下，相对于野蛮的“硬霸权”行为，“软霸权”很容易实行。意识形态、文化、价值观、生活方式等更多地以信息的形式轻易地跨过国界，影响着人们的观念。

1. 隐蔽性

西方国家在进行渗透的时候通常不会直接表明“资产阶级意识形态”，更多地是将其包装成"普世价值""普世文化""大众文化"。如亨廷顿就说:"西方消费模式和大众文化在全世界的传播正在创造一个普世文明。"① 经过这种包装,隐蔽性增强了。文化的力量来自它的非垄断性、扩散性和渗透性,这种特性可以使"软霸权"不用侵犯领土主权,以隐藏和渐进的方式穿越民族、国家的藩篱。美国等西方大国利用自己的经济和科技优势,通过建立卫星电视、电台、因特网等传播媒介、信息渠道,以多种方式、多种手段加大其文化的宣传力度。现已形成了以美国为中心的庞大的世界传播体系,形成了以好莱坞、迪士尼为主导的娱乐体系,并且有强大的知识、学术、教育体系做支柱,开辟了美国思想与文化传播的战场。由于国际互联网超越地域,传播迅速,自由开放,而且80%的信息是用英文发布等特点,美国等西方大国依赖资金和技术上的优势牢牢控制了传播网络上发布信息的权力。

在当今文化市场"没有硝烟的战争"中,这种被包装过的大众文化开始隐蔽性渗透。"大众文化从来没有宣布要消解甚至颠覆社会主义的意识形态,但大众文化又确确实实在静悄悄地改变或者更确切地说遮蔽社会主义的意识形态。"②

(1)媒体的隐蔽手段越加高明

现代新闻事件中,媒体与国家意志的配合越来越默契,越来越天衣无缝,一个唱黑脸,一个唱红脸。从"9·11"事件到阿富汗战争,再到伊拉克战争,媒体都掩饰不住地充当战争的解说者和推销者,毫不犹豫地扮演"爱国主义"啦啦队队长的角色,成为战争的喉舌和传声筒。

(2)信息的隐蔽性越来越强

阿富汗战争结束后,美国国防部雇用了华盛顿的一家公关公司,为五角大楼筹办用来影响世界舆论的"战略影响办公室"。这个办公室的主要功能是向国外媒体提供新闻,包括假新闻,以影响外国决策人和公众舆论,同时传播美国的价值观,攻击美国认为不友好的国家。这个办公室实际上在"9·11"后不久就成立了,曾起草了多份关于影响世界舆论的建议,并提交给美国时任国防部部长拉姆斯菲尔德和时任总统布什。就连英国广播公司也称这个办公室的目的在于有意识地"误导世界媒体",是一种"黑宣传"。美国利用媒介进行文化渗透其实是一种攻心战术,

---

① 塞缪尔·亨廷顿. 文明的冲突和世界秩序的重建[M]. 北京:新华出版社,2002:55.
② 张坚强,杜苏. 大众文化背景下的高校思想政治教育困境与创新[J]. 江苏高教,2004(4):78-81.

企图靠以“理”服人、以“情”感人的手段使人信服，以达成某种共识。可以说，美国的文化渗透是很讲艺术性的，大多经过精心制作和包装，而且特别注重受众的反馈。它不同于政治、经济、军事等“硬权力”对全球进行的强制性征服，而是利用文化和传播等“软权力”在全球范围内制造“同意”。

（3）用心炮制代号

寻找或者塑造“代言人”或“破冰者”成为西方国家渗透的隐蔽手段。如美国种族矛盾在20世纪90年代达到白热化，为了化解危机，传递价值认同，他们把乔丹塑造成了“乔丹神话”，作为黑人的他向普通大众传递了这样一种“神话”，即美国人民是可以通过个人奋斗和激烈竞争，超越种族和阶级的界限，沿着社会地位的阶梯拾级而上，像乔丹那样登上最高点。通过对NBA和乔丹的“软包装”，黑人和全球各地的球迷自觉或不自觉地接受了美国主流价值观的“影响”，被他们竭力粉饰的“人人平等”和“种族平等”假象被这些代言人渲染得更加逼真。事实真的如此吗？当然不是。正如美国资深的民主社会主义者迈克尔·摩尔在他的纪录片中述说的那样，美国人民始终生活在水深火热中，资本主义的不平等性总是敲骨吸髓般罪恶满盈。

事实上当战争爆发时，在这种隐蔽的外衣下，新闻的自由程度将会降到最低。《美国新闻管制训条》中写道：“在未来战争中，军队必须战胜两个敌人，一个是军事战场上的敌人，另一个是舆论战场上的敌人。”①

2. 欺骗性

西方文化的渗透不但在悄悄地、隐蔽地进行，其欺骗性的宣传更使人们深受其害。

（1）片面报道

到了信息时代，因特网在一定程度上成为全方位、全天候地向全世界推行西方大国的价值标准、意识形态、商业理念、社会文化的有效工具。不难看出，迅猛发展的现代大众传播媒介不只是“圣杯”，它的另一面是“潘多拉的魔盒”，它对西方的文化霸权起到了推波助澜的作用。美国社会学家马尔库塞尖锐地指

① 夏菁，王亮．真实的谎言——美国主流媒体对伊拉克战争的宣传［J］．新闻研究导刊，2003（2）：17－19.

出："人们真地能将作为信息和娱乐工具的大众传播媒介同作为操纵和灌输力量的大众传播媒介区别开来吗？必须记住，大众传播媒介乍看是一种传播信息和提供娱乐的工具，但实质上不发挥思想引导、政治控制等功能的大众传播媒介在现代社会是不存在的。"

美国传播媒介极力渲染本国文化的优越性，而对发展中国家的变化和发展尽量回避，甚至视而不见，特别是对意识形态相左的国家，总是说三道四、指手划脚，侧重传播其消极、落后的一面，传播的内容大多与政治动乱、经济贫困、自然灾害、暴力事件、交通事故有关，给人以负面的印象。

再如对中国驻南斯拉夫使馆被炸事件及中国人民抗议活动的报道，美国媒体对本国人员的伤亡事件竭尽渲染之能事，把自己打扮成维护人权的榜样，但对给他国人民造成的人道主义灾难却置之不理。稍有常识的人都知道那三枚导弹绝非"误击"，然而美国媒体却逃避回答"为何以中国使馆为打击目标""为何三枚导弹会准确地同时'误击'"这样的问题，这样做一是为回避责任，二是为转移美国公众的思考。同时，对于中国学生的示威抗议美国媒体通过文字及图像不断强调这是中国发动的示威活动。将别国的使馆轰炸了，却不准抗议，而且认定抗议者是官方鼓动的群众，简直是黑白颠倒，其邪恶由此可见。

（2）手段极其卑鄙

为求得利于自身利益的"舆论一律"，西方大国不惜采取种种卑鄙的手段，如封锁正义之声、暗杀记者、炮轰大使馆、炸毁电视台等，各种手段无所不用其极。美国等西方大国的大众传播媒介利用手中把持的传播强权，一方面向发展中国家大量兜售西方的意识形态、价值观念和生活方式等，另一方面在传播中并没有恪守国际法的某些原则，在报道中干涉他国的内政，不尊重他国的文化传统和民族习惯。美国的一些记者对发展中国家心存偏见，总是从自己的价值观出发选择事实、解释问题。

在西方的文化渗透下，宣扬包括个人主义、消费主义、享乐主义在内的西方价值观大量涌入。"西方的影视作品、游戏软件等凭借新、奇、特的视听特点使青少年抛弃心理束缚，心甘情愿地接受西方意识形态的影响。"①

① 孙百亮．西方意识形态渗透的隐蔽性与中国高校思想政治教育创新［J］．学术论坛，2009（7）：176－180.

传媒的主要职责是激发公众对国计民生、社区和国家安全等政治问题的关注，但西方大国的传媒却越来越多地报道无关痛痒的小新闻，热衷于揭秘和发布小道消息，一定程度上误导了国内的新闻报道。电视新闻中政治新闻锐减，消费品新闻和名人新闻剧增。我国一些媒体的报道重点也在朝这个方向发展，关于国计民生的版面越做越小，娱乐版面、奇闻怪事的版面却越做越大。

二、西方网络文化渗透的主要路径

（一）对外宣传的渗透

美国著名的心理战专家克罗斯曼认为："让被宣传的对象沿着你所希望的方向行进，而他们却认为是自己在选择方向。"① 这种形式的宣传大都采取潜移默化的形式，实质上就是有组织地运用新闻、辩解和呼吁等方式传播相关信息或某种教义，以影响特定人群的思想和行为。这种宣传的主要目的就是改变人们的思想观念和价值追求，最终改变人们的理想信念，从而彻底从精神上对人们进行"洗脑"，以达到控制他人的目的。为达到此目的，美国一直在用文化渗透这只"看不见的手"伸向它要伸到的地方。

1. 价值渗透

美国等西方发达国家凭借自己的经济强势和文化传播强势推行文化霸权，把自己的意识形态、价值观念和生活方式等通过覆盖全球的信息文化传播体系传播给其他国家，同时通过各种传播媒体获取经济利益。

美国通过自身的大力发展逐渐左右欧洲局势，并成为资本主义阵营的霸主。面对世界上不同的国家价值观，社会主义成了美国要打击和颠覆的首要对象。可以说，社会主义作为人类社会文明史发展的必然产物和先进的社会制度，从一产生就遭到了来自资本主义国家的疯狂攻击，并经常处在各方面的威胁之下。"冷战"时期，苏联和美国的抗衡匹敌让两种社会制度泾渭分明、交锋不断。"冷战"结束，社会主义阵营的领头羊不复存在，东欧剧变后很多社会主义国家纷纷

① 弗朗西丝·桑德斯．文化冷战与中央情报局［M］．北京：国际文化出版公司，2002：5.

倒戈，社会主义阵营瞬间土崩瓦解。美国成为世界的霸主。随着中国的快速发展，这个社会主义阵营中顽强存活下来的大国又一次引起了美国等西方资本主义大国的警惕。社会主义和资本主义的斗争还没有结束，也许会更加激烈。美国绝不容许自己的霸主地位遭到挑战，尤其是来自社会主义阵营的中国的挑战。

与美国价值体系完全对立的社会主义制度并没有从地球上消失，美国自然还会利用各种方式突破对方在意识形态领域的防线，企图进行“平演变”。美国的“心理战”“攻心战”再一次对着中国发起。

美国中央情报局在文化颠覆中发挥的作用更大。“冷战”设计者之一的乔治·坎南曾在一次名为《必要的谎言是美国战后外交的重要组成部分》的演讲中说：“美国没有文化部，中央情报局有责任来填补这个空缺。”美国《国务新人》杂志的编辑桑德斯在其《文化冷战：中央情报局与文学艺术》一书中指出，美国中央情报局的基本职能不仅是搜集、整理、分析、评估各方情报，实际上还是美国的隐形“宣传部”，目的是有计划地运用文化宣传和其他非战斗活动的方式传播美国的思想和价值观念，以影响其他国家人民的观点、态度、情绪和行为，使之有利于美国目标的实现，其“与空军一样不可或缺”。美国把这种“文化包装”下的宣传和心理战摆在了非常重要的位置，并且做得相当隐蔽。①

我国的一些媒体常常不加辨别地采用“直译”的方式播放美国的新闻，无形中成了传播美国价值观念和政治理念的工具。

我国正经历转型前的阵痛期，各种问题、各种矛盾蜂拥而至，要有清醒的认识、明辨是非的慧眼，才能抵制意识形态的渗透和颠覆。

2. 语言渗透

随着信息科技的高速发展，因特网将全球连成了一个大网络，信息资源的跨国传播量越来越大。但是在跨国信息流通领域也存在着不平衡的现象，美国在信息产业硬件、软件制造、资料的收集和储存、网络的建设和控制方面均占有绝对优势。因特网产生于美国，所使用的语言、技术都来自美国。

信息交流的前提是要有双方都能解码的信息代码，目前网络上通行的是英文代码，首先是ASCII，即“美国信息交换代码”。虽冠之以“美国”二字，但实

---

① 弗朗西斯·桑德斯. 文化冷战与中央情报局［M］. 北京：国际文化出版社，2002：13.

际上已是国际标准代码。英文随着网络的传输无所不至，对欧洲的法语、德语造成巨大的冲击，更不用说古老的中国汉字了。目前的网络和软件中，绝大多数信息资源都是英文的，以至网络文化逐渐形成一种英语文化势力。据《计算机世界》统计，截至1998年3月1日，美国1520家日报已经有500多家有了网络版，占总数的1/3；而中国大陆报刊在中国互联网信息中心注册登记的只有95家，不到总数的1/10。到2014年10月28日维基网统计网络语言的占有程度，中文仍不乐观，英语以绝对的优势占据榜首，占到55.7%，第二位的德语占6.1%，第三位的俄语占5.7%，中文只排名第七，比例仅为2.8%。这种比例的巨大差距对于拥有13亿人口的中国来说无疑是巨大的反差。

这种以英语为主导的跨国信息交流已经压抑了其他语种语言文字，并限制了人类文化的多样性发展，在隐形地实施颠覆，让人们在接受语言的同时认可美国相应的价值体系、道德观念、生活习惯、思考方式等，而这些是决定一个民族走向的根本，一旦改变，就会掉进陷阱，误入歧途。

正如阿尔温·托夫勒所说的那样："未来世界政治的魔方将控制在拥有信息强权的人手里，他们会使用手中掌握的网络控制权、信息发布权，利用英语这种强大的语言文化优势，达到暴力、金钱无法征服的目的。"语言霸权是价值观念霸权、意识形态霸权的先行官、开辟者，一旦允许语言肆无忌惮地侵略，就会面临"同化"的危机。

（二）多元传媒的渗透

数字、网络、信息及智能化等高新技术的迅猛发展给全球的政治、经济、文化和社会生活带来了广泛而深远的影响，很多发达国家投入大量的人力、物力、财力，采用先进的传播技术，不断加强信息传播手段的更新，以保持和提高在国际传播领域的垄断地位。有资料表明，全世界的卫星电视节目中一半以上来自美国。西方三大新闻社控制了国际新闻的70%以上。根据不同传播环境和受众变化的实际情况，西方传播机构还有针对性地采取不同的传播手段，形成了广播、电视、网络三位一体的渗透网。

1. 传媒"领土"肆意圈定

早在1984年，欧盟就在自己制定的《无国界电视》绿皮书中要求其15个成员国的所有电视台至少用一半时间播放欧洲的节目（新闻、体育、广告、游戏、电视广播和电视购物除外）。

1995年12月28日，在法国巴黎协和广场举行的纪念电影诞生一百周年的活动中，法国著名演员德迪帕约和阿兰·德隆从片盒中拽出一部美国电影拷贝当众销毁。根据联合国教科文组织20世纪80年代末的统计，巴黎的6个电视频道每年总共播放1300部电影和电视剧，其中1000部来自美国，美国电影占法国票房收入的60%以上。以至时任法国总统希拉克大声疾呼："我们国家的前途处在危急关头。"中国的导演也具有这种敏锐的洞察力，因为他们感受到了国产电影的"冬天"与国外电影的"春天"，这些都使他们不得不大声疾呼，国产电影不容乐观，可以说正在经历生死存亡之秋。

美国的新闻信息传播业起步早、发展快，它凭借雄厚的政治、经济实力和高科技的优势控制了世界上大多数有影响力的传播媒介、传播资源和主要的传播渠道，使信息文化呈不合理的单向流动，在世界上逐渐形成了美国占主导地位的世界传播体系。媒介全球化的发展，特别是跨国传媒公司的兼并浪潮加剧了美国大众传播媒介的垄断和扩张。

德国《明镜》周刊于2013在其网站上曝光了一份美国2010年的"监听世界"地图，这份地图包含了世界90个大小国家的监控点，而中国是东亚首要的监听对象，北京、上海、成都、香港、台北等城市榜上有名。[①] 在信息全球化的浪潮中西方大国肆意瓜分传媒"领土"，为及早划出自己的"地盘"不择手段，这值得警惕。

2. 传媒技术的单极态势

飞速发展的传播技术和日益增长的媒介资源掌握在美国等西方发达国家手中，发展中国家的大众传播事业发展明显滞后，对等的信息传播无异于"空中楼阁"。世界传播呈现"一边倒"的单向流动、单极传播形态。强势传播国家的信息文化可以冠冕堂皇、源源不断地流入各发展中国家，直至占领文化和信息市场。由于首先开发了卫星技术，控制媒介资源、影视制作技术，并拥有雄厚的资金，美国的电影、电视节目、MTV得以充斥全球市场，其他国家的影视

① 卜晓明．美国全球监控地图曝光［N］．北京晨报，2013-10-31．

业、娱乐业明显受美国的影响和主导，从传播系统的建立、媒介组织的运作到电子节目的制作，均以美国的标准、规则和风格为基点。大众传播媒介已成为美国等西方发达国家推销其意识形态、文化价值观的有效武器。随着大量的传播技术和影视、音乐制品的流入，发展中国家的信息文化主权将受到严重威胁。在新媒介时代，由于媒介实力不同，信息分配“贫富不均”，“两极分化”越来越严重。

例如，美国的《读者文摘》以 19 种语言发行，它的 48 种国际版本发行量达到 2800 万份，远远超过它在国内的 480 万份的发行量。从某种角度可以说，美国征服的传媒版图比实际的疆域还要辽阔。相比美国，中国的传媒态势则不容乐观，无论是海外点击量还是国内客户群，基本都是华人，基本都是单向传输，很少有中国的声音在国外响亮地响起，并在国外民众中引起轩然大波，基本不可能引导国外媒体的议题设置。

在电影电视片的输出上，发达国家占据了绝对优势。亚洲、南美洲、非洲、东欧一些国家的银幕和荧屏上大都充斥着美国等西方国家的节目。电视节目主要出口国有美国、英国、法国和德国，其中居于榜首的美国占绝对优势，它在 20 世纪 70 年代每年出口的电视节目达 15 万小时，是其他三国总和的 3 倍还多。大多数发展中国家的电视节目 60% ~70% 的栏目内容来自美国，而在美国本国电视节目中外国节目仅占 1.2%。美国传媒公司生产的电影只占全球影片产量的 6.7%，却占据了全球总放映时间的 50% 以上。

20 世纪 90 年代以来，在《华盛顿邮报》上有一篇题为《美国流行文化渗透到世界各地》的文章介绍，“美国最大的出口产品不再是地里的农作物，也不再是工厂里的产品，而是大批量生产的流行文化产品，包括电影、电视节目、音乐、书籍和电脑软件等。”美国的电影、电视节目可谓遍布全球。形形色色的媒介产品（电影、电视、新闻出版物、音像制品）汇集到包罗万象的传播大国，在一条全球流水线上完成共同制作的产品，并瞄准、投放到世界的文化市场。美国的霸权不仅体现在经济和军事上的优势地位，更表现在美国的意识形态、价值观念和生活方式对全球的影响和渗透上。[①]

这种单极传播态势是不健康的发展态势，不容小觑。

---

① 程雪峰．媒介垄断和文化渗透：冷战后美国传播霸权研究［D］．长春：吉林大学，2005.

3. 新兴网络的“推波助澜”

如果说广播、电视具有很强大的杀伤力，网络传播的能量则不亚于原子弹爆炸。美国的电影、电视、广播已经占据了渗透的高地，再加之发源于美国的因特网兴起，美国的势头不可阻挡。

因特网的介入更加有效地助推了美国文化渗透的步伐。因特网可以承载电视、电影、广播，带着美国的价值观念，让受众在海量信息面前“乱花渐欲迷人眼”。尤其对于接受新事物比较快、比较多的青少年，其认可、崇拜、向往往往深深地打上了美国的印记。在网络这种强势技术的牵引带动之下，美国文化产业所到之处均对当地文化产业产生了巨大的冲击。而在这背后，一种耳濡目染的“美国生活方式”、一种奢华侈靡的享乐观念已深深浸淫于受众心中，并不断蔓延，改变着人们先前的思维方式和生活信条。

以文化娱乐、商业广告等方式宣传美国生活方式的传播内容正在逐渐淡化对象国的民族文化传统，扮演着“温柔杀手”的角色。进入21世纪，美国等西方发达国家更多地采用“社会宣传学”方式对社会主义国家进行宣传，表面上与政治不相关，本质上是借助商业广告宣传、电视采访、新闻纪录片、旅游、展览等诱导人们接受美国的生活方式，逐渐灌输他们的意识形态和价值观。

传统的主权领域在网络空间很难实现。“互联网是一个开放的、共享的、非实体性的虚拟空间，互联网主权在此呈现你中有我、我中有你的相互交织状态，使得传统主权界定在此难以实现。”①

网络的快速反应、海量信息、丰富新奇等特征满足了网民“有求必应”的心理需求，成为新的载体，承载着美国更加隐蔽的文化渗透，值得警惕。

（三）非政府组织的渗透

20世纪80年代以来，非政府组织（NGO）的兴起逐渐成为一种全球性现象。一些有政府背景的非政府组织以各种名义发挥“西方价值观的传播渠道”作用，对我国家主权和社会政治实施渗透。这些非政府组织穿着隐蔽的外衣，进行西方意识形态的渗透，同时搜集我国情报，在国内培养政治反动派，妄图通过

① 余丽．如何认识和维护互联网主权［N］．人民日报，2012－02－02．

内部分化颠覆我国政权。

非政府组织的渗透活动之所以引起人们的重视，主要是因为几年前在一些国家相继发生的所谓“颜色革命”中非政府组织都发挥了主力军的作用。事实上，从委内瑞拉的“反查韦斯运动”到缅甸的“袈裟革命”，以至非洲许多国家政局的动荡，处处能看到西方支持下的非政府组织频繁活动的影子。东欧剧变后，美国中情局人员道格拉斯·J. 麦凯琴的《波兰危机背后的美国中央情报局》一书中详细描写了美国人如何运用非政府组织（主要是波兰的“团结工会”）进行文化渗透、暗中支持反对派、参与选举等，先把波兰搞垮，进而使整个东欧和苏联分化瓦解的过程。

1. 聚焦和无限放大社会矛盾

一些非政府组织通过直接或者间接的渠道进入我国进行活动，在搜集情报的同时还秘密地培植自己的羽翼，代表西方发言，寻找合适的政治反动派。最常见的就是他们通过插手我国人民内部的矛盾和纠纷，反复聚焦和无限放大人民内部的社会问题和矛盾。特别以开发援助、扶持弱势群体为名，抓住城市拆迁、民众失业、农民维权等涉及最广大民众切身利益的具体问题，制造舆论、颠倒黑白、煽动对立情绪。更有甚者，直接以人权的大旗站在恐怖分子及搞街头政治、搞民族分裂活动的个人和团伙身边，赤裸裸地抨击我国的体制，对我国的国家安全和政治稳定带来了一定程度的伤害和威胁。

用维权和腐败等问题对政府进行攻击甚至妖魔化、丑化政府形象。如美国“全国民主基金会”曾出资在莫斯科大学开设与政府腐败做斗争的课程，资助历史纪念馆展出反对专制和集权统治的宣传材料，强化民众对政府的不满。西方非政府组织还积极吸收当地政府官员和学者参加培训，如美国的“民主改革基金会”为白俄罗斯地方官员举办了系列讲座。该基金会还计划开设“社会教育”学校，以培养年轻人的“民主意识”。

2. 培植和收买“合法代言人”

这些非政府组织在致力于谋求合法身份、建立立足点的基础上也在利用自身雄厚的财力和专业知识方面的优势开始培植自己在国内的发声筒和代言人：一方面以提供资金为诱饵，吸引国内部分民间组织、个人为其开展工作；另一方面，通过项目合作等向基层社会灌输西方民主意识，推广所谓“公民意识”，并找到积极的发言人。

用金钱诱惑企业。以“促进经济发展和社会公益”为名，扶助中小企业发展，设立“中小企业贷款项目”，培养“中产阶级”，打造“社会改革”的中坚力量。通过地方银行为中小企业提供贷款，并敦促地方政府改革各种体制。如近几年，美国“欧亚基金会”向300多家中小企业发放贷款近1200万美元，鼓励他们研究当地政治、经济政策并向政府提出改革建议。

用金钱诱惑百姓。他们往往采取釜底抽薪的办法，从政治治理薄弱而社会需求强烈的环节（维权、扶贫、教育、医疗和环保等）施以“援手”，收买中下层民众的人心，以为他们所用。

3. 渗透社会精英和青少年群体

一些非政府组织广泛联络反政府力量，形成庞大的“水军”。他们特别注重对拥有很高政治热情的年轻人进行“民主塑造”，通过资助其到西方学习、进修等方式，培养其西方情结，使之成为亲西方的新时代政治精英。美国“全国民主基金会”在俄国长期选拔和资助“有能力的年轻人”参与反政府的“青年人权运动”。

一是资助青年精英。一些非政府组织特别注重从社会精英入手，从青年群体入手，通过资助这部分人，让他们感受西方价值观念的“优越性”，用“温水煮青蛙”的方式鼓励他们藐视、反对甚至脱离他们原来所受的思想教育，让他们向往西方的衣、食、住、行等生活方式和教育方式，这些青年精英就会慢慢地向政府要求民主和人权，进而达到“牵线式”的控制青年人的目的。“颜色革命”前，美国的“教育和语言研究合作委员会”在独联体国家非常活跃，时常组织一些青年精英赴美学习、参观，还增加了独联体国家各大高校赴美留学生的接收名额。该委员会副主席米勒说，该委员会还对独联体国家青年人的心态进行了专门研究，以期对青年人有进一步的、更深刻的影响。

二是扶持青年组织。他们特别注重与他国民间组织相结合。2012年，“欧亚基金会”继续在独联体国家实施“支持和发展青年独立组织计划”，培养了很多价值认同的青年组织。更甚者，将青年组织联合起来，使其相互影响、相互渗透。如“欧亚基金会”曾成立了一个名为“林地”的联合组织，该组织竟纠合了白俄罗斯和乌克兰的12个社会团体。联合起来的青年组织在实施网络文化渗透方面不容小觑。

这些非政府组织的渗透带着极大的隐蔽性，极易造成混淆是非、颠倒黑白的后果，所以亟待提高这方面的警惕。

三、应对西方网络文化渗透的策略

在全球信息技术产业被微软和英特尔公司组成的所谓“Wintel联盟”所把持、西方高新技术规范“一统天下”的背景下，“信息贫富差距”逐渐拉大。美国在经济和科技上的优势地位使其拥有各种强大的传播媒介和先进的传播技术，发展中国家望尘莫及。经济、传播技术水平上的不平等实际上已经排除了国家间“平等自由”进行信息文化传播的可能。

网络文化领域的渗透与反渗透逐渐构成国际政治斗争的一个重要内容。我国作为一个发展中国家，文化仍处于弱势地位，西方文化的渗透和侵蚀给我们造成了巨大的冲击和压力，必须从文化安全战略的高度来看待当今西方文化的渗透，以寻求国家安全战略意义上的应对之策。

（一）强化网络文化主权意识

所谓主权，指的是一个国家或民族不受别国干涉而自主选择自己的政治、社会、经济和文化制度的权利。主权的行使一般限于一国的领土、领空和领海范围之内，边防和海关在维护国家的政治、经济和文化主权的完整方面起着重要的作用。1970年10月24日，联合国大会通过的一项宣言指出：“任何国家或国家集团均无权以任何理由直接或间接干涉其他国家的内政和外交事务。因此，武装对国家人格或其政治、经济及文化要素之一切其他形式的干预或试图威胁，均系违反国际法。”

随着卫星直播、广播电视、计算机通信网络等新媒介的发展，信息主权正面临越来越严峻的挑战和越来越明显的威胁。20世纪80年代，法国的“数据处理与自由委员会”就曾指出：“信息就是力量，储存和处理数据的能力意味着对其他国家的政治和技术优势。因此，跨越国界的数据流通也可能导致国家主权的丧失。”

对于发展中国家来说，在世界信息单向流通的情况下，信息主权将受到严重的威胁。习近平总书记强调："没有网络安全就没有国家安全。""步入全球媒介化时代后，围绕网络信息传播控制权的争夺日趋激烈，我们要力争网络主权。"①

因特网的发展确实为信息传播、科研、教育、商贸等方面提供了便利，但同时也成为世界上各种政治势力渗透的主要手段。美国等西方发达国家可以利用自己的经济、技术优势进一步扩大新闻信息霸权，无限制地"跨国界"宣传自己；同时，经济、技术力量薄弱的发展中国家将更难以让世界听到自己的声音。对于报纸、杂志、无线电广播、卫星电视等媒介，有关国家可能使用行政、立法、技术等手段拒之国门之外，但想完全控制网上敌对或有害的数字化信息，从技术上来说是不可能的。只有强化主权意识，才能从内在提高防范，抵制渗透。

对于我国的媒介来说，首要的是固守本国市场，只要是我们的底线立场，坚决不能有半步退让。例如南海问题，不仅要在电视、广播、网络等媒体上口径一致地宣传是我国的固有领土，并且面对境外媒体的挑衅和指责要勇敢出击。又如人权问题，每年我国的人权白皮书都会被翻译成各种语言，传递我们的主张和立场。要清醒地认识到推行"人权外交"已成为美国的国策，同时亦是美国推行其霸权战略的主要切入点。针对这些主权底线，要勇敢捍卫主权，时刻提高防范意识。

（二）开展网络文化安全预警

因为网络文化具有虚拟性、全球化、传输快等显著特征，可以突破传统文化的各种束缚和限制，也极易改变社会舆论生态，所以构建网络安全预警机制、抢占网络舆论新阵地就显得十分重要。

首先，用优秀文化培养网络文化安全意识。一方面，加强优秀传统文化的传播和宣传，注重大众网络安全文化意识的培养。在优秀传统文化的支撑下，把握好网络文化传播的时、效、度，把网络文化塑造成人民喜欢看、人民乐意听、人民愿意关注的平台。另一方面，在日常生活中，通过社会主义核心价值观的引领，发展积极向上的网络文化氛围，凝聚同心同德的网络文化正能量。要通过树立典型、正反教育相结合的方式增强大众的荣辱观，提升大众辨别真假善恶的能

① 夏德元，童兵．网络时代需要强化"领网主权"意识［N］．光明日报，2014－03－17．

力，提高社会道德水平和文明素养，进而增强网络文化安全意识。

其次，用网络文化战略营造网络文化环境。一是积极制定短期、中长期目标，重点培养一批有吸引力、影响力和一定辐射力的文化网站，让它们带着中国的文化走进世界的目光。二是对于那些极易引发舆论谣言的敏感事件和敏感信息，要未雨绸缪，提前制定应对策略，及早识别舆论苗头，对其进行有针对性的引导和评论，不给恶意传播者和评论者留有传播的时间和土壤。在顶层设计时就全面考虑这些信息，把问题扼杀在“未有”之时。三是加强互联网的监管，及时甄别网络舆论宣传，杜绝别有用心者的恶意炒作，打击幕后“黑手”的煽风点火，营造和谐清朗的网络文化氛围。

最后，借鉴他山之石构建网络传播机制。一是要积极借鉴发达国家的经验，形成政府、法律、社会三方良性监管机制，通过政府管控、法律震慑、社会约束三个层面使网络文化健康发展。这是一种“他律”的“三位一体”，是对网络文化进行的刚性控制。二是健全行业自律，提高内部净化水平，从网络媒体主办方、流通方和网民自身三方面积极自查自律，从源头解决非法信息、不良谣言的滋生和泛滥。三是加强网络核心传播技术的投入与研发。“工欲善其事，必先利其器”，信息科技、信息软件、信息传播控制技术的开发和创新都在预警机制中起着事半功倍的效果。

（三）铸就强势网络媒体系统

在应对西方的文化竞争和渗透中，要努力实现媒体转型，打造强势媒体系统，变被动防守为主动出击。

1. 加大网络基础投入

对于网络媒体的基础投入，要依托传统媒体的原有阵地进行拓展，如主流媒体都要有相应的网络版、海外版等。自 1996 年 1 月 1 日开始，我国在网上建立了中央对外宣传信息平台，并在美国建立了镜像节点，至今已经有新华社、人民日报等 14 个单位、28 家报刊上网。这就是一种依托传统媒体的网络新发展。还可以开辟新的网络宣传领域，如开辟权威专家的直播、微博等，一旦有重大新闻事件发生，第一时间权威解读，正面引导，不至于让群众“雾里看花”，摸不着头脑，这也是一种很好的网络宣传平台。同时，不但要扩大规模，也要扩大知名度。一个意见领袖可以在网络上引领“千军万马”，产生不可估量的巨大效应。还要加强网络基础设施建设，提高网络的传播速率，保证在观看新闻的时候顺畅无阻。如在信息产业部支持下，中央外宣办代表中央7家新闻网站与中国电信签署了线路费优惠50%的合作协议，重点新闻网站的带宽分别增加到10MB、100MB不等。

2. 增加网站丰富性

做到网站宣传内容创新，使新闻宣传更有亲和力、吸引力和感召力，不断拓展新闻宣传的内容，增强丰富性和针对性。针对群众关心的、想知道的话题设置议题，不仅限于党政大事，更要有热点和关注度。新闻题材不仅有严肃的评论，也要有中国故事，增加趣味性和浏览量。新闻要动起来、活起来、亮起来，不要拘泥于一种题材，而要尝试不同的题材和样式，满足网络受众的需求。新闻语言也要随之变化，不同的主题应使用不同的语言，呈现不同的风貌。丰富性、可读性、时效性具备了，网站页面的访问量、点击量、粉丝量就会有很大的提高。如新华网、人民网经过改版后，日页面浏览量达到1000万次，较改版前增加了3倍。

3. 制定传媒发展战略

近些年来，我国的国际地位不断提高，国际影响力不断增强，在国际舆论上被动挨打显然对我国的发展不利。为此，必须制定出有针对性的传媒发展战略，提高国际传播实力和传媒经济实力，不断提升我国在国际舆论舞台的地位。战略调整要求中国传媒开始具备一种“全球眼光”，用我们的价值标准去衡量、评价世界范围内发生的新闻事件，并要变“守”为“攻”，变被动为主动，与国际传媒在思想文化领域、信息资源领域及舆论阵地和受众市场展开全面争夺。

以前我们的新闻信息传播或囿于地方或局限于国内，视野不够开阔，很少用我们的价值标准去评判整个世界，去评判世界范围内发生的诸多新闻事件，导致在世界范围内少有我国的声音，在许多事情上少有我国的观点和主张。在媒介全球化浪潮扑面而来的今天，这种僵化保守的做法必须改变。我们有权根据自己的观察、理解去作判断和分析，我们要学会使用这种权利。在总体战略调整上，要变“守”为“攻”，更加主动地以我们的价值观去影响他人：一方面，加强我国的新闻传播业，改进宣传工作，把中国的真实情况宣传出去，让各国人民真正了解我国，使敌对势力的阴谋不攻自破；另一方面，要加强调查研究，对于敌对势力的阴谋活动及时给予有力的揭露和批判，以正视听。

4. 打造传媒“航母”

目前，美国文化占据网上信息资源的90%，中文信息不到信息总量的万分之一，而不受西方国家控制的英文信息也不到万分之一。目前，中国新闻传播业经营规模小，抗风险能力差，经营机制不够灵活。当前，媒体的竞争已进入规模化竞争，未来一旦国外媒体进入我国市场，只有“大吨位”的传媒集团才能经受得起冲击，传媒集团将成为中国传媒的旗帜。不但在传媒规模上要加大投入，还要在语言发展上有所整合，加大在华语范围内的话语权，然后进军英语等其他语种。

一位美国新闻学者曾说：“网络新闻信息也是从北方国家流向南方国家，或者说从富国流动到穷国。”美国传播学者施拉姆在20世纪70年代为联合国教科文组织所做的研究显示，亚洲区的15份报纸上的国外消息竟有3/4来自西方四大通讯社。1985年，国际大众传播协会（IAMCR）为联合国教科文组织做的一项研究表明，29个国家的报纸所强调的国际新闻及其主题都与四大通讯社一致。弱小的传媒集团只会被信息浪潮冲击得灰飞烟灭，只有发展壮大的传媒集团才会在传媒领域开疆拓土。

总之，美国通过网络媒体的狂轰滥炸正在“帮助”各国人民“正确理解”美国的价值观，通过网络媒体的渗透颠覆正在实施隐秘的文化认同，通过媒介全球化正在掌控美国文化霸权为主导的单极化系统，如何实施反渗透是我们必须要认真思考的问题。

参考文献

[1] 邓小平. 邓小平文选：第3卷 [M]. 北京：人民出版社，2001.

[2] 丁刚. 中国媒体替谁说话 [N]. 环球时报，2004-06-11 (13).

[3] 南方朔. “排除”与“包括”让美媒体变成恐怖主义的传声筒 [N]. 台湾《新闻》周报，1999-05-19.

[4] 雷文. 美国文化是如何打遍天下的 [N]. 世界新闻报，2003-11-12.
[5] 夏鸣远. 浅谈高校如何积极应对西方文化渗透 [J]. 武陵学刊，2007 (3)：115-116.
[6] 史安斌. 软包装、硬内核：美国文化传播战略与技巧简析 [N]. 国际先驱导报，2003-08-01.

第六章　抵制网络腐朽文化现象

随着互联网的不断发展，互联网的技术和理念日新月异，互联网对社会的影响力越来越大，吸引力也越来越大。互联网文化工作者积极通过互联网弘扬社会主义核心价值观，弘扬主旋律，努力生产出高质量、高品位、健康向上的文化产品，以满足广大人民群众精神文化生活的需要。在网络上，先进文化已占主导地位。然而，我们也应该看到，网络上还充斥着一些腐蚀网民精神世界的腐朽文化。由于历史和现实的原因，腐朽文化在网络上有着种种表现，它们极易对网民产生误导，有着严重危害。本章主要内容即分析网络腐朽文化的种种表现及严重危害，在此基础上挖掘网络腐朽文化产生的深层“土壤”，并提出抵制网络腐朽文化的有力举措。

一、危害严重的网络腐朽文化

网络腐朽文化有着形形色色的表现，大概可以归纳为以下几方面，包括网络消极思想、色情信息、失范行为、恶性炒作、恶搞之风等。近年来，网络腐朽文化泛滥，消解着社会主流价值观，阻碍着青少年健康人格的形成，危害着人民群众的切身利益。

（一）网络腐朽文化的种种表现

网络腐朽文化千奇百怪，数不胜数，概括起来主要有以下几个方面。

1. 网络消极思想

当前网络上传播和渗透着各类消极思想，如封建思想、资产阶级思想等，腐蚀着网民的思想和灵魂。我国曾长期处于封建社会，封建思想的残余仍然存在着深刻的社会影响，在网络上也有所体现。另一方面，我国改革开放过程中，西方敌对势力想尽办法在网络上渗透腐朽的资产阶级思想，如拜金主义、极端个人主义等。

（1）封建迷信思想

网络上充斥着各类宣扬封建迷信的内容，吸引着人们去崇拜、迷信某种虚幻的超自然超人力的东西。如通过网络的搜索功能，分别输入星座、占卜、算命、风水、八字、面相等关键词，可以发现大量包含这些内容的网页，涉及一些知名网站。再如，2016 年 7 月 3 日，网页上介绍李元八字风水，宣称 42 岁的李元老师从小聪慧悟道，通过多年来的高人指点和研究实践，能给求测者预测人生吉凶福祸，乃至进一步知命改命。2015 年 12 月，上海市有群众实名举报 QQ 群“华夏故土”“华夏传统 - 神传文化”，称其长期以图片、视频形式传播违法信息。经查，上述 QQ 群经常发布宣扬邪教和封建迷信的违法内容，严重扰乱社会秩序。

类似的例子在网上比比皆是。这些被禁止在街头巷尾宣扬的封建迷信的内容竟冠冕堂皇地成了网络的“座上客”，毒害网民。封建迷信在互联网上泛滥成灾，已经到了不能容忍的程度。

（2）资产阶级思想

随着改革开放的进行，西方传入我国的网络文化鱼龙混杂，西方先进网络文化传播的同时，一些腐朽文化也趁势而入。要分清这些腐朽落后的文化，尤其是西方文化中的“三个主义”，即拜金主义、极端个人主义和享乐主义。

资本主义的拜金主义与“人为财死，鸟为食亡”“人不为己、天诛地灭”的利己主义相结合，已不知不觉深入很多人的内心[①]。如 2010 年某档相亲类节目，一句“我宁愿坐在宝马里哭，也不要坐在单车上笑”引起广泛争议。该言语通

① 孙艳春. 加强廉政文化建设要抵制腐朽落后文化的消极影响［J］. 党政干部学刊，2013（1）：46 - 48.

过网络广泛传播，被认为是拜金主义的典型言论。一些人对金钱的追逐甚至达到了疯狂的地步。

在人们的个性得到释放的同时，个人主义也得到了宣扬，但其积极的理念被有意无意地过滤，变异出极端个人主义。极端个人主义的特点是以自我为中心，尽可能满足个人的私欲，对社会和他人的利益不管不顾。2011 年 6 月，新浪微博上一个名叫“郭美美 baby”的网友自称“住大别墅，开玛莎拉蒂”。该网友是一名 20 岁的女孩，其认证身份却是“中国红十字会商业总经理”。该微博公开后，在网上引起了轩然大波，甚至引起了警方的关注。网友之所以关注此事，其中一方面就是因为郭美美的极端个人主义作风让人哗然。2014 年，郭美美因涉嫌网络赌球、开设赌场被依法逮捕。2015 年，法院公开审理此案，郭美美因开设赌场罪被判处有期徒刑 5 年，罚款 5 万元。其极端个人主义最终毁了自己。

随着生活水平的提高，一些人开始追求享乐主义的腐朽生活方式，“今朝有酒今朝醉，明朝没酒喝凉水”。这种生活方式很容易使人灵魂扭曲、思想裂变，容易让人意志低沉，缺乏进取精神。有些人沉迷于奢靡豪华的生活方式，热衷于吃喝玩乐，这种生活上的腐化极易导致思想上的退化，也是一些领导干部腐败堕落的直接诱因。

2. 网络色情信息

网络色情内容是最具破坏力的网络腐朽文化内容之一，也是网民在网络上接触比较多的腐朽内容之一，甚至有很多人参与承办与网络色情有关的媒介，如网站、论坛等。

淫秽色情内容以多种形式在互联网上传播，如图形图像的、文字的、音频与视频的信息等。这些信息包含不健康的性内容，如性暴力、性骚扰、性虐待、性变态等，具有极大的社会危害性。网络色情惯常的手段是以网络技术劫持用户的浏览器，并强行向用户发送大量载有色情信息内容的图片、视频或相关信息等。网站中往往出现赤裸裸的提醒语言和色情图像，这些图像不断跳动，对人进行色情诱惑。甚至不少不法分子搭建网络平台，为招嫖卖淫“牵线搭桥”。2015 年 5 月，湖南省网信办接到网民举报，“长沙夜网”发布大量淫秽色情内容和招嫖信息。经核实，“长沙夜网”由犯罪嫌疑人马某某创建，网站为长沙市 10 余个涉黄场所发布招嫖广告，并大肆敛财。

调查显示，在互联网上47%的非学术性信息涉及色情，无论使用什么搜索引擎，尝试搜索黄色图片和视频都会出现大量内容。每天约有2万张色情图片进入网络。另一项统计数据显示，60%的青少年是无意间接触到色情信息的，90%接触过网络色情信息的青少年有性犯罪的行为或动机。色情信息在互联网上肆意传播，同时助长了暴力倾向，极大侵蚀着网民尤其是未成年网民的心理健康。

3. 网络失范行为

有学者将网络失范行为界定为：网络行为主体违反了已知的社会规范和所应依照的特定行为规则要求，在虚构的网络空间出现越轨行为，以及由于不恰当地使用互联网而导致行为偏差的情况。网络是个别匿名和集体匿名的集合体——作者是匿名的，阅读者是匿名的，批评者、抨击者也是匿名的，这使得网络行为缺乏有效的监管。常见的网络失范行为有：在网上论坛、聊天室等公共空间使用暴力、粗鲁、黄色的语言；攻击、辱骂、侮辱观点不同的言论；恶意取笑他人，发布虚假信息；用不负责任的言论进行人身攻击；实施近似黑客的行为，以展示自己的网络技术。在网络失范行为中，涌现了大量违背道德或违反法律的现象，已成为国内外各界关注的焦点。

（1）道德失范

网友在网上发帖，有时会引起别人的不满，可能会引发较多的恶性语言攻击，甚至影响到发帖者的正常生活。如一旦被“人肉搜索”，个人的隐私被公之于众，不仅影响到被“人肉搜索”者的正常生活，而且对他们的精神状态也会产生严重影响，甚至带来严重后果。2013年12月，一个高中女孩跳河身亡，起因是某服装店店主怀疑有人偷窃服装，于是将监控视频截图发到微博上进行“人肉搜索”。很快，女孩的个人信息被曝光，她成为身边同学朋友和网友们指指点点的对象。12月3日晚上，该女孩连续发出“第一次面对河水不那么惧怕”“坐稳了”两条微博，随后跳入河中结束了生命。

（2）法律失范

网络失范行为中也出现了法律失范事件。在网络中，网民彼此之间并不知道对方真实的姓名、形象、职业等具体信息，网络的高效、便捷、匿名等特点使一些人忘记了自己的身份，在互联网上任意表现，肆意传播信息，甚至做出在现实中违法的行为，如捏造和散布谣言。2014年，昆明“3·1”严重暴力恐怖事件后，广大网友严厉谴责犯罪分子，对遇难者表示沉痛哀悼。然而，也有人故意在网上制造、散布谣言，称“暴恐分子分成几组，潜入某城市实施暴恐活动”，“多地发生暴恐活动，死伤多人”，发布谣言信息，制造恐慌情绪，扰乱社会秩序；事后，针对王某、刘某等45人在互联网上编造、散布谣言的违法行为，公安机关依法对其予以警告、拘留等处罚①。2015年11月，内蒙古自治区网信办接到网民举报：微信、微博等互联网平台出现大量“包头市发生恐怖袭击，打砸砍伤百余人”的信息，引发恐慌。经调查，网传信息属谣言，实际情况是农民工宋氏兄弟喝醉后，在包头市昆都仑区昆北路打砸过路车辆，造成交通拥堵。包头市公安部门对散布谣言的宿某某予以刑事拘留，对转发该谣言的刘某某等4人予以行政处罚。

在缺乏监控的网络环境中，一些网民容易受到所谓自由、解放、感官刺激的诱惑，漠视道德和法律观念，还容易受网络文化中“从众现象”的影响，淡忘现实社会中的道德和法律限制，放任自己在网络上的种种言行，导致各类网络失范现象层出不穷。

4. 网络恶性炒作

芙蓉姐姐、凤姐、叶良辰、顾少红……每一个名字背后都是一段故事。这些原本默默无闻的人物在一夜之间成为网络红人，让我们不由得想到一个词：炒作。类似的热点事件十有八九都是“网络炒家”精心策划和推广的结果。“炒家”们雇用“水军”处理热点事件，捧红了相关人员，在获得“客户”满意的同时获取自身利益。2015年沸沸扬扬的“郭美美”现象让人感慨良多，从2014年的造谣“大V”到2015年的涉黄，郭美美般的无底线炒作事实上在拷问整个社会的价值底线。当人们追捧炫富与虚荣、纵容谎言与谣言时，社会的心态与舆论都走入病态。

“网络炒家”制造虚假的繁荣，传播扭曲的信息。大多数网络炒作行为中都有不正当竞争现象出现。2015年7月14日晚，微信朋友圈疯传一段“三里屯优衣库试衣间”的不雅视频。7月15日上午，优衣库官方回应，否认营销炒作。15日下午，国信办约谈腾讯、新浪网负责人，责令其开展调查，对涉嫌低俗营

---

① 王国华，等. 重大社会安全事件的微博传播特征研究［J］. 情报杂志，2014（8）：139－144.

销等行为进行严厉惩罚。15 日晚，北京警方将优衣库不雅视频男女主角等 5 人带走调查。中国优秀律师、网络问题专家游闽键说，雇用“网络水军”发帖、顶帖就像开发商雇人排队，通过制造虚假繁荣来抬升房价，不同的是，“网络水军”隐藏得更深，行为的影响范围更广，管理起来更难。

随着网络媒体的商业化，只要网络的一些板块与相应的行业有关，有广告投放，网站就可能被企业左右。所以，与传统媒体相比，网络媒体更易受制于某些公司。“网络炒作”仍然有很多灰色地带，“网络推手”随时可能变成“网络打手”。一些网络推手公司不遵守职业道德，只要给钱，什么样的业务都接。如公司 A 要打击公司 B，就让网络“打手”在网上诽谤、诋毁对方，对公司 B 进行大量负面宣传。这可能会控制舆论，甚至左右法院的判决。这些炒作公司及网络推手的存在扰乱了网络世界的既有秩序，人为破坏了网络空间，使网络自由“变味”。

5. 网络恶搞之风

2006 年胡戈创作了电影《无极》“搞笑版”《一个馒头引发的血案》，成为网络恶搞的起源。该片只有 20 分钟长，对原片进行了改编，其中有无厘头的对白，有滑稽的视频短片分接，有搞笑另类的交替穿插广告。短片对原电影进行了淋漓尽致地颠覆，在网络上流传后吸引了众多网友的追捧。网络上随后掀起了一股“恶搞”浪潮，一发不可收拾。许多经典名著、英雄人物、主旋律电影等都在“恶搞”中变异、歪曲、丑化和颠覆，“恶搞”之风逐渐走向了肤浅和腐朽。《水浒传》本是古典名著，却被恶搞成“3 个女人和 105 个男人的故事”，原著被严重歪曲。

至于英雄人物的事迹，也被“恶搞”得面目全非：黄继光堵枪眼是不合理的，刘胡兰是被乡亲所杀，狼牙山五壮士其实是土匪，雷锋日记全是造假……一些历史人物和英雄先烈甚至被丑化、滑稽化：孔子是“丧家犬”，岳飞是“地主”，赖宁是“官二代”……2013 年一部名叫《热血雷锋侠》的微电影走红网络，片中刻画了“雷锋侠”和师傅“盲侠”“地沟油侠”“值周女侠”之间的爱恨情仇。“看似宣传雷锋精神，实则辱骂雷锋，太没劲太低劣”，有网友评价，“这部电影的走红是时代的悲剧”。

这些现象是网络文化的一个缩影。在许多人看来，这是对经典的亵渎，甚至是对历史的亵渎。“恶搞”不再让人“一笑而过”，这些现象深层次反映出一些网民精神信仰的迷失和价值观的缺失，它甚至变成了一种恶意解构传统文化的手段。网络是流行文化的一大衍生地，也是“恶搞”段子的一大中心，部分“恶搞”中挥之不去的腐朽文化令不少网友和专家学者担忧。

（二）网络腐朽文化的多重危害

部分互联网从业者为了追求经济利益，肆意创作、制作、发行腐朽的文化产品。这些腐朽的网络文化产品中有些内容不健康，有些品位不高、格调低下，有些充斥着暴力、色情、凶杀、淫秽，有些带有封建迷信色彩，其在互联网上渗透，无孔不入，容易对人产生误导，对个人和社会造成极其不利的影响。

1. 消解社会主流价值观，阻碍文化软实力提升

网络腐朽文化与社会主流价值观背道而驰，不但无助于文化软实力的提升，反而会阻碍文化软实力的发展。

（1）严重影响社会风气，消解主流价值观

网络文化对网民的影响是潜移默化的。由于互联网上 50% 以上的信息是英文信息，加上美英等西方发达国家拥有更多的网络资源，以美英等国为首的西方发达国家已占领并绝对控制了互联网信息资源，形成了垄断的信息网络并进行倾销，这本质上是一种“文化侵略”①。附着西方价值观的信息大量涌向中国，消解着我国社会的主流价值观。由于部分青少年对传统文化了解不多，没有对民族文化形成强烈的认同感，在国外网络信息流的冲击中难以产生“免疫力”和识别力，使得人生观、价值观尚未完全成熟的青少年面临严峻的文化考验。

腐朽文化的泛滥对网民道德观和价值观的扭曲和误导尤为严重。例如，以马诺为代表的一大批“物质女孩”把金钱、权力、地位和享乐作为信仰，极大地挑战和践踏了社会的主流价值观。腐朽文化正借助网络平台在网民中不断渗透，对网民的生活方式、思维方式的干预和影响逐渐增强，侵蚀着网民的灵魂，影响着网络先进文化的发展。

---

① 从卫东，高青芝．网络文化对青少年成长的影响与思考［J］．绥化学院学报，2005（4）：114 - 116.

（2）缺乏文化魅力，不利于增强我国文化软实力

吸引力与感召力是判断一种文化是否具有文化魅力的重要标准，是推动文化魅力和文化软实力发展的重要条件。腐朽文化庸俗、低级、空洞，缺乏艺术与思想。腐朽文化的传播践踏和破坏了原有的文化魅力，它本身缺乏感召力和吸引力，缺乏文化内在魅力产生的核心实力，更缺乏软实力产生的深层根源。

2. 阻碍健康人格的形成

网络腐朽文化影响到网民的道德修养，阻碍了网民的社会化进程，不利于网民健康人格的形成。

（1）阻碍道德修养的形成与发展

道德修养文化在我国历史悠久。孔子主张“修己以敬，修己以安百姓”，孟子倡导“富贵不能淫，贫贱不能移，威武不能屈”。儒家思想把个人道德修养同齐家、治国、平天下结合起来，认为修身是一切的基础，可见道德修养的重要性。网络文化环境对于网民的道德情操具有潜移默化的影响，处于推崇“真善美”的先进网络文化环境中，道德修养便在熏陶中变得高尚，反之亦然。腐朽文化的泛滥严重挑战了网民道德修养的形成与发展。唯利是图，恶意炒作；以悲剧为噱头，漠视生命；逃避“真善美”的价值判断，随波逐流……这样的环境不能培养和塑造网民的头脑，无法使网民的行为找到价值支撑和道德规范。腐朽文化会逐渐污染世风、腐蚀人心，使网民的道德修养逐渐低下。道德修养的缺失反过来又会助长腐朽文化的肆虐，甚至与腐朽的风气形成恶性循环。

（2）不利于审美情趣的塑造提升

网络文化产品具有教育功能、娱乐功能和补偿功能，其中娱乐功能可以消除网民的紧张疲劳，让网民得到休息和放松。但是娱乐又有雅俗之分，健康向上的网络文化产品昂扬向上、催人进取，使网民在享受的同时提升审美情趣；而网络腐朽文化产品表面上内容丰富，实则消极思想渗透、色情信息泛滥、失范行为涌现、恶性炒作频发、恶搞之风盛行，迎合了部分网民消极的心理需求。网民在获得感官短暂的愉悦之后无法上升为精神上的愉悦。如果网民长期沉迷于腐朽的文化氛围，其审美观念将逐渐变得庸俗，审美趣味将变得腐朽。网络空间中，古典、严肃的文学艺术受到冷落，而粗糙、轻浮的网络文学作品被追捧；传统文化和经典作品没有立足之地，而网络小说和网剧成为时尚；简单俭朴的生活理念被

鄙视，而拜金主义、享乐主义被推崇。大部分网民是未成年人和青年人，他们的审美品位尚未形成，腐朽文化内容的泛滥会使他们失去健康的审美环境。有些网民受到腐朽文化中扭曲的审美观的影响，审美情趣出现偏差，甚至良莠不分，“把怪诞当时髦，把粗野当豪放，将玩世不恭和放荡不羁视为潇洒和风度”。

（3）延迟或阻碍网民的社会化进程

社会化是个体在特定的社会文化环境中学习社会中的标准、价值、规范等的行为。网络文化在个体社会化过程中起着重要的作用，因为网络已经成为网民生活中不可或缺的一部分，其传播的文化内容已成为人们相互沟通的一种公共资源。网民通过网络和不同地域、不同年龄的人相互沟通，从而达成共识与认同，因此网络文化对网民的社会化具有重要意义。

但现实是互联网上腐朽文化盛行，一些网站为了吸引足够多的关注，占领网民市场，纷纷把暴力、色情及低俗等内容打上“娱乐”“时尚”的标签呈现于网民眼前，让网民沉迷于暴力和色情内容，盲目认同网络中人物的价值观念及生活方式，导致网络上及生活中的种种失范行为。网民的价值观受到腐朽文化的扭曲，偏离了社会主流价值观，从而延缓甚至阻碍了网民的社会化进程。

（4）简单“拿来”抑制了网民的创新

互联网上丰富的内容一定程度上限制和弱化了网民的创新能力。互联网已成为这个时代不可缺少的信息宝库，是世界上最多资料、最全门类、最大规模的“图书馆”、“博物馆”和“展览馆”。互联网包罗万象，这使得很多人存在简单的“拿来”思想，遇到感兴趣的内容，只需简单的下载、粘贴，就能轻易为己所用。创新需要网民对现有的科技文化成果进行广泛参考，但不是简单的复制照搬。著名作家金庸认为，网络会阻碍人的创造力。美国学者丹尼尔·伯斯丁也认为，汽车使人类体能退化，网络使人的智能退化，网络正在削弱人们的思考力①。

二、网络腐朽文化产生的深层“土壤”

网络腐朽文化有种种表现，这些腐朽文化的出现不是偶然的，它们的背后有着深层次的原因，如网民缺乏健全的心态，网站缺乏社会责任，网络缺乏有效监管等。

① 徐淑红．网络文化与我国文化安全［D］．长春：东北师范大学，2006.

（一）网民缺乏健全心态

有人说网络是一种平民化的自由圆桌会议，是网民自由发言并相互取悦的一个看不见的漩涡。在这样自由的环境中，我国的网民缺乏健全的心态，这是由我国网民群体的特点决定的。我国的网民群体究竟是什么样的？中国互联网信息中心 2016 年 2 月发布的数据显示，在网民群体中，10～39 岁年龄段为主要群体，比例达到 75.1%，其中 20～29 岁的网民群体数量最多，占网民总体的近 1/3；88.6% 的网民是大专以下文化程度，高中以下文化程度占最大比重，占到网民总体的 3/4。根据以上数据，可对目前网民的主流群体进行形象的刻画：平均年龄为 29.5 岁，平均学历为高中/中专/技校学历，以学生和个体户/自由职业者为主要人群①。中国网民主体的基本特征在一定程度上决定了中国网民缺乏健全的心态。

1. 话语表达和社会参与需求强烈，政治上较激进

改革开放后，我国人民的基本生存需求逐步得到满足。随着生活水平的提高，人们的政治热情也逐渐高涨，人们希望“参与”国家大事的意愿较以往任何时期都更为强烈。但是现实生活中，受各种因素的影响，老百姓希望行使自己政治权利的愿望一定程度上受到了抑制，民意表达渠道不够畅通。由于网络媒体的隐匿性、表达相对自由等特性，人们被压抑的话语权在网络得到释放，他们热衷于参与各种事件，尤其是对社会公共事件“评头论足”。这就导致各种网络事件的关注度很高，使得网络炒作、网络失范行为、网络恶搞等频繁受到关注，也使网络上动辄出现点击和回复超百万的网络民意啸聚事件。网民政治上较为激进是心态不够健全的表现之一。

2. 观点重于事实本身，“有主张，少论据”

大多数中国网民都是普通大众，也就是所谓的“草根”阶层，他们在很大程度上为改革开放努力付出，并承担着改革开放的成本和压力。其中一些人难免

① 中国互联网络信息中心．中国互联网络发展状况统计报告［EB/OL］．［2016－01－22］［2016－09－20］．http：//www.22zy.net/news/15573.html.

会产生强烈的心理失衡感、相对被剥夺感，并且不信任社会公正。面对一系列的社会问题和矛盾时，一些人或多或少在各种利益冲突中心理失衡，感到不满和怨恨的同时也感受到个人的无力。大多数人出于对现实利益的考虑会选择沉默，但在网上这种怨恨与沉默的积累就会导致网民宣泄自身的负面情绪，一旦在网上遇到与自己现实中类似的事件，在法不责众等心理暗示下，网民的情绪会集中发泄出来，迅速引爆整个网络。部分网民在网络中不是靠分享事实博得同情和怜悯，而是以评论、观点等方式寻求着情绪宣泄的突破口，这是网民心态不够健全的表现之二。

3. 独立思考能力不够

大多数网民都是青少年，他们的社会经验少，对网络中一些信息的了解有一定的局限性，如深度和广度不够，也缺乏独立思考和判断的能力，很容易受到表面信息的影响，而且容易受到群体意见的影响。网络群体对个人意见的影响不容忽视，从众心理动机和从众现象仍然存在。同时，面对海量的网络信息，网民习惯了对信息的接收和再传播，而忽略了思考和识别。如在“史上最毒后妈”“彭宇案”“铜须门”等网络事件中，一些网民只是根据事情的表面现象便下结论，同情所谓的“受害者”或“弱者”，指责甚至辱骂那些“伤人者”或“强者”。越来越多的网民则纷纷效仿，群起而攻之，让那些所谓的“伤人者”或“强者”深陷虚假诬陷的包围之中。

4. 法律意识淡薄

不少网民受教育程度较低，缺乏基本的法律知识，对于网络中发布的信息，他们往往习惯于从弱者和受害者的角度来看待，而不是从法律的角度考虑。由于缺乏基本的法律知识，许多网民在网络上任意发布或一味转发他人的一些负面信息，却不知道他们的行为已经触犯了法律。如在“艾滋女”事件中，受害人闫德利是杨某的前女友，因闫德利向杨某提出分手，杨某怀恨在心，在网上造谣，称闫德利患有艾滋病、被其继父强奸。杨某在接受记者采访时对记者说，他认为自己所犯的“事”就是“在网上发帖子骂人了”，而且骂的是自己的“对象”，甚至“根本不知道艾滋病是个啥病”。

5. 道德观念弱化

由于网络本身的匿名性特征，网络中人与人在交流时戴上了“面具”，自身的道德约束力变得淡薄，人性中的恶念容易被释放出来，许多网民动辄出现诽谤、侮辱的语言，脏话连篇。当某些人刻意散布不实信息和煽动性言论时，部分网民容易被蒙蔽和鼓动，甚至产生情绪、丧失理智，急于进行价值判断，用简单粗暴的方式发泄情绪。同时，受到西方享乐主义、利己主义、拜金主义和自由主义的思潮影响，加上迷信、封建思想作祟，部分网民开始追求奢靡腐朽的生活方式，看重感官刺激，传统道德思想逐渐弱化，社会主义和集体主义观念不断被消解。

如今，网民已成为网络传播的主体。网民可以利用相机、手机、摄影机等记录各种信息，也可以对国内外热点问题进行评论，还可以与其他网民、媒体或政府进行沟通。由于网民不仅是网络信息的受众，也是网络信息的传播者，网民的观念会在很大程度上影响整个网络空间。目前，我国部分网民的道德、观念有弱化的趋势，这可能会导致一些社会问题的出现。如在“铜须门”事件中，当事人郑某的很多个人信息被公布在网络上，许多不明真相的网友持续谩骂郑某，甚至电话骚扰、侮辱郑某，给郑某个人及其家人的日常生活带来了极大的困扰。

（二）网站缺乏社会责任

网络作为一种新型媒介，在传播的过程中给人类带来大量好处和利益的同时，也因自身的先天性缺陷而导致许多问题的发生，使得腐朽文化的网络传播有机可乘。

1. 网络厂商推波助澜

网络腐朽文化的普及与传播离不开网络厂商的推波助澜。网络运营厂商或者网站经常使用一些手段来推销他们的产品以及一些不良的理念，以此促进对网络产品的消费。如有的网络游戏运营厂商虽然打着“启发智力、开拓创新以及培养团队合作能力”的旗号，但是在实际运营过程中却通过传播一些色情淫秽视频或者图片来达到吸引网民的目的。有的网络游戏运营商在游戏中加入“帮派”以及“结婚”等功能，导致一些网民将在现实世界无法满足的需求转入网络游戏中，影响了网民的身心健康。“网络成瘾”已经成为一个流行且有争议性的词汇。不可否认的是，网络成瘾很大程度上是网络腐朽文化带来的负面影响，而这背后的“推手”就是那些不良的网络内容提供商，这是一些网站缺乏社会责任感的表现。

2. 经济利益的驱使

网络腐朽文化的流行与传播还与网络媒体受经济利益的驱使有关。网络媒体和传统媒体都承担着报道新闻、引导舆论、传播知识、提供娱乐等重要社会功能，从新闻信息传播的角度看，网络媒体所传播的信息量甚至远超传统媒体。然而，对于大多数网络媒体来说，商业属性是它的第一属性，特别是一些商业网站。这些网站大多以市场为导向，最大限度地争取广告商，追求经济利益最大化。由于在投放广告时广告商会考评网站的点击率，在激烈的竞争中，一些网站为了提升点击率，主动迎合网友的“口味”，迎合网民追求娱乐、刺激、“八卦”、猎奇的心理需求，导致网络上腐朽信息泛滥。一些娱乐新闻过多报道明星的隐私，制造“看点”，也是为了迎合和取悦网民对明星隐私过度关注的心理。为了追求经济利益，有些网站将违背社会道德的腐朽文化信息进行“处理”和“包装”，再在网上堂而皇之地大肆传播，导致许多带有暴力和色情内容的新闻出现在网络上，严重玷污了网络环境。

在进行新闻报道时，新闻媒体本应坚持兼顾经济效益与社会效益的原则，但部分网络媒体由于商业利益的影响很难实现二者之间的平衡，导致了虚假新闻报道的盛行。由于片面追求点击量，一些新闻编辑忽视了新闻伦理道德，模糊淡化了新闻把关意识，他们作为一名新闻工作者的社会责任感与职业使命感大大削弱。他们追求的是新奇、刺激，而不是去验证消息的确切来源。这就导致了网络媒体社会责任意识的弱化与缺失，使得腐朽文化在网上的传播成为可能。

3. 网络传播主体多元化导致信息把关弱化

网络腐朽文化的流行与传播还与网络信息把关弱有关。传统媒介的新闻传播模式中，职业的新闻传播者要对即将发布的信息进行去粗取精、去伪存真的加工和整理，受众则是被动接受信息资源。网络新闻的传播打破了传统媒体的单一传播形式，形成了大众传播、人际传播与小组传播等多种传播模式并存的状态。在网络媒体中，传统媒体中“把关人”的作用和地位被大大削弱。尽管网络媒体的“把关人”仍然存在，但是由于互联网的开放性、自由性和丰富多彩，其作用已改变。借助网络的双向通道，任何一个接入互联网的人都可以成为信息的传播者，传播主体呈现出多元化、“草根”化、非专业化的特点。网民可以方便地从不同媒体获得相关的新闻信息，甚至通过别的网民获得信息。传播主体多元化、信息流动加速的主要结果之一就是信息把关的弱化，这已成为网络传播中一种无奈的现状。大大小小的网络节点上存在着海量的个体传播者、各种利益集团、网络新闻编辑，由谁把关，如何把关，按什么标准来把关，等等，存在诸多问题。当网民新闻的力量逐渐渗透到网络媒体，与传统媒体网站和商业网站的力量相互交织，使得传播主体多元化，对新闻传播的过程和效果产生了巨大影响，增加了网络媒体社会责任的复杂性。

相对于官方网站和大型门户网站，网络论坛和微博传播中的把关人弱化现象更为严重。官方网站是从传统的媒体机构演变而来的，是传统媒体进军网络的平台，它们大多还保留着传统媒体的严肃性和权威性。门户网站也能够尽量做到关注“媒体”属性，重视对重要的时政信息进行把关。而一些网络论坛、社区等则没有专门的信息把关人，其内容中有不少来自网民。在这样的网络空间中，传统媒体的把关模式不易存在，信息传播过程中很容易出现各种问题，如暴力和非理性语言泛滥、信息失实现象比较严重等。

正因为以上缺陷和不足，网站难以承担起相应的社会责任，使得网络腐朽文化的传播有了可乘之机。

（三）网络缺乏有效监管

除了网民和网站的原因，网络监管的缺失同样使得网络腐朽文化的传播失去约束。尼尔·巴雷特曾说过：“法律的存在能帮助预防不道德和破坏行为，法律作为道德规范的基准，使得大部分人可以在此道德范围内进行他们的活动。没有界限，就很难确保没有影响和侵犯别人的情况。”[①] 当前，我国在网络传播方面的法制还不健全，法律体系还不够完善。

① 陈艳．网络社会道德自律的现代价值研究［D］．兰州：兰州大学，2010.

1. 立法不健全

目前，我国网络传播方面立法的速度远远落后于网络传播的发展速度。

(1) 现行法律法规不健全、不完善，操作性差

我国现行法律法规不能匹配网络传播的发展，尚未有效建立适应网络传播的新规则，导致网络传播中存在着一些混乱和无序的现象。如《互联网站登载新闻业务管理暂行规定》第十五条规定，“违反本规定……情节严重的，撤销其从事登载新闻业务的资格”，但许多从事新闻刊载业务的网站并没有办理相关手续，上述规定根本无法遏制这些网站继续发布新闻。另外，我国现行法律法规在一些方面出现空白，如缺乏对电子证据真实性证明的具体规定。由于法律法规在许多新问题上的空白，网络传播的违法犯罪几乎没有成本。由于相关法律依据不足，公安机关的证据搜寻及破案工作存在着巨大困难，一些违法分子肆无忌惮地钻法律的空子却逍遥法外。

(2) 现有法律法规的标准低，效力有限

虽然我国制定了不少有关网络传播的法律法规，如《信息网络传播权保护条例》《互联网服务办法》《互联网电子公告服务管理规定》《新闻网站电子公告服务管理暂行办法》《互联网站登载新闻业务管理暂行规定》等[①]，但它们到目前为止还没有上升到全国人民代表大会的立法高度，其中的大部分仍停留在地方或部门的规章制度层面，并且是以单行法或单行条例的形式出现，对网络传播中各种违法言论和行为的震慑力十分有限。而《宪法》《民法通则》《刑法》等高规格法律中关于网络传播方面的规定内容非常少，且非常分散，法律法规之间的衔接相对薄弱，缺乏管理网络传播的专门法律，对网络传播的法律指导和监督作用不明显。

2. 执法难到位

不仅网络传播立法相对滞后，网络执法工作也难以到位。网络交流有明显的匿名性，交流的双方或多方往往不知道对方的真实姓名与身份。网络交流的另一个特点因匿名性而产生，即监管机制弱化甚至悬置。这意味着一般交流中的社会

① 刘明艳．论宪政视野下的网络言论自由［D］．武汉：湖北大学，2009.

监督和文化禁忌在网络交流中被弱化，个体在匿名中降低了自我心理防御，也摘下了人格“面具”。这使得对网络腐朽文化的监管越发困难。

（1）网络传播的监管与取证困难

网络是一个虚拟的无国界的世界，人们不需要登记就可以上网，大部分人都会采用假名甚至匿名，一些网民甚至利用技术手段隐藏自己的地址，以避免执法部门的监督。人们在信号能够到达的地方进行网络传播的时间是很随意的，可以随时上网，瞬间完成网络信息的传播，甚至几乎不留任何痕迹。同时，网络中的信息量非常大，要找出违法犯罪的证据相当于大海捞针，且网络中的信息很容易被修改或删除。这些都给执法部门的监管和取证带来了很大的困难。

（2）执法机关设置与管理存在漏洞

首先，没有一个政府部门或机构专门从事网络传播管理。目前，我国实行网络传播多部门管理，国务院管内容，信息产业部管接入，公安机关管处罚。由于各部门有其自身的业务工作，除了开展专项整治，几乎不可能同时开展常规性管理。即使开展专项整治活动齐抓共管，也可能出现你不抓我不管的情况，甚至发生状况时可能出现推卸责任的现象。其次，我国的网络警察部队力量有限，不能有力打击网络传播违法犯罪。据统计，我国上百万警察中网络警察不足千人。对网络传播中不断出现的违法犯罪行为，执法机关心有余而力不足。打击网络传播中的违法犯罪行为的成本又较高，只有在较重大的网络传播事件发生时网络警察才会真正介入。

三、抵制网络腐朽文化的有力举措

如果先进文化没有完全占领思想文化领域，落后文化、腐朽文化很可能就会趁虚而入。改造网络落后文化，努力防止网络腐朽文化滋生，并坚决抵制各种错误思想观点侵蚀网民，是发展网络先进文化的重要任务，可以采取以下举措。

（一）积极倡导“文明办网、文明上网”之风

抵制网络腐朽文化需要国家、社会等各个方面共同创建良好的环境，为净化网络环境提供外部支持。当前，营造抵制腐朽文化的外部环境主要应以文明办网、文明上网为重点，前者是针对互联网管理者来说的，后者则是针对普通网民

而言。

1. 文明办网

文明办网主要从以下几点入手。

（1）抓好重点新闻网站的网络文明建设

要充分利用重点新闻网站的带头作用，必须做到文明办网，为其他网站做好表率。一方面，重点新闻网站要带头营造良好的文明办网网络舆论环境，带头做好文明办网的宣传报道工作；另一方面，要以实际行动带动和影响其他网站，带头落实行业自律要求，持续开展自查自纠。

（2）依法加强互联网新闻信息服务管理工作

开展互联网新闻信息服务专项整治，查处非法互联网新闻信息服务，集中查处、清理传播腐朽文化信息的网站；开展各级网站内容自查，努力提供丰富多彩的健康内容。同时，加大综合治理力度，积极开展打击色情网站等专项整治行动，建立反垃圾邮件系统，利用技术手段减少垃圾信息量，积极净化网络空间。

（3）积极开展“阳光·文明办网工程”各项活动

开展“文明办网”主题宣传活动，如“中国电信运营商文明办网行动”“文明办网征文”“文明办网手机文化活动”、儿童计算机表演赛、网络科普宣传教育、推广“文明邮箱”、信息无障碍论坛等。开展“中国文明网络遍神州”项目，积极推进电信基础运营商网络文明建设工作，建设“文明动力网吧联盟”，开展“文明办网”进校园的系列宣传活动等。通过种种活动净化网络空间，提升网络质量，把文明上网工程从家庭延伸到网吧、学校及青少年生活和学习的每一个空间。

（4）大力进行教育培训，加强网站工作人员文明办网意识

各地、各网站都要开展以“文明办网”为主题的教育活动，加强对网络编辑人员、管理人员的针对性培训。网站工作人员要熟悉并遵守我国关于互联网的法律法规，倡导健康向上的网络风尚，懂得“文明办网”对提高全社会道德水平的重要意义，增强社会责任感，认识到自己在“文明办网、文明上网”活动中承担的责任和义务。

2. 文明上网

当下，网络空间肆意炒作、捏造事实、诽谤中伤、传播谣言、窃取信息等频

频发生，这些行为不仅破坏了网络空间应有的秩序，甚至会触犯现实世界的一些法律法规。每个网民都应该从自己做起，自觉遵守法律法规，以自己的实际行动抵制不文明的网络行为，积极传播网络社会正能量。

作为网络时代的高素质网民，青少年应懂法、知法和守法，这也是现代社会公民的基本素质。团中央于2001 年 11 月启动《中国青少年网络文明公约》，建议青少年上网应遵循“五要五不要”。青少年网民应以《中国青少年网络文明公约》为基准，养成良好的网络行为习惯，做到以下几点：

1）主要利用网络学习。要使网络成为学习的工具，利用网络进行资料搜集、时事新闻获取、信息查阅等。要选择具备良好信誉的网站，选择积极向上、富有教育意义的内容，远离色情、暴力、赌博、迷信等内容。要运用马克思主义的观点、立场、方法武装自己，提高辨识能力，学会区分网络的真善美和假恶丑。①

2）在网络上进行友好诚实的沟通，不欺诈污辱他人。网络提供了一个广阔的空间让人们释放自己的情绪，但人们必须做到语言文明，健康聊天，同时拒绝色情、反动等不健康的交流。

3）增强自我保护意识。自我保护是指有意识的上网有节有度，注意正常而规律的生活，调整精神状态，保护自己的身心健康。

（二）大力提升网民弘扬正气的担当意识

要抵制网络腐朽文化，还应使网民的舆论监督朝着理性有序的方向发展。当前，我国网民数量已达7.31 亿人，数量虽然非常庞大，但网民的素质却参差不齐。要达到舆论抵制腐朽文化的目标，就必须大力提升网民弘扬正气的担当意识。要广泛开展文明办网和文明上网活动，宣传使用文明语言。网络舆论环境应进行健康引导，使网民自觉抵制网络腐朽文化。具体可通过以下途径提升网民意识。

1. 开展公民意识教育，激发公民担当意识

网民是现实中的公民在网络社会的角色延伸，因此从本质上说，提升网民的担当意识，培育其良好的担当意识和弘扬正气的行为，最终还是要把现实社会公

---

① 郭锐．青少年网络伦理素养的培养研究［D］．郑州：中原工学院，2013.

民的意识培育作为出发点。开展公民意识教育，重点是引导公民的担当意识，培养公民的意识情感，提倡公民弘扬正气的行为。在实施公民意识教育时，还应注意发挥相关因素的共同作用。

2. 提高公民媒介素养，促进公民弘扬正气

网络上信息量巨大，其中不仅包括反映社会公共生活的真实信息，也包含诸多虚假信息，如网络谣言等。网民弘扬正气意识得以激发的基本条件是接触一定的公共生活信息，而影响其弘扬正气行为是否合理的重要因素则是信息的准确性、真实性。因此，提升公民的媒介素养，特别是公民的信息素养，使公民在网络社会中成为清醒的媒体用户、信息的接受者和传播者，不仅能使网络公民更好地了解公共生活的实际情况，也能使网络弘扬正气的行为得到合理实现。

3. 营造网络法治环境，推进公民弘扬正气

网民责任的履行不仅需要依靠其自身的意识觉醒与自觉行动，也需要国家、社会等各个方面共同创建良好的环境，为网民弘扬正气行为的实现提供外部支持。当前，营造公民意识担当的外部环境，应重点建设网络法治环境，推进公民社会构建。

（三）切实发挥网站过滤引导的管理职能

相比传统媒体，网络传播速度快、内容杂、容量大，必须进行信息整合并把关。网站要发挥过滤引导的主体作用，传播正面信息，助力推动社会向着最有利于广大人民群众的方向发展。

1. 网络管理“过滤”作用的主要着力点

要发挥好网络管理的过滤作用，需要注意以下着力点。

（1）网站定位

由于网页数量不断增加，且包含了许多复杂多样的信息，给网民辨别和选择信息带来很多麻烦，这就需要网站根据自身定位提供信息。上海“东方网”对新闻稿件的选择就十分严格，并提出了十个“不可用原则”。在稿件内容符合国

家关于网络内容发布的相关法律法规条件下，网站在选择信息时既要考虑网站的类型、定位、价值取向，又要参照网络信息的价值判断标准，还要考虑网民的需求，注意信息的地域性和接近性、实用性和服务性，做到将中国新闻本地化、世界新闻中国化，提高信息与网民的相关性。

（2）信源渠道

对信息的筛选要确保信源渠道的权威性、来源的多样性及来源之间的相互印证。一些网络媒体存在信息筛选马虎的情况。如2010年7月13日，《甘肃日报》电子版有一则“西安市已被确定为国家第五个直辖市”的消息。这样重大的新闻是怎么来的呢？原来是一名记者在某论坛采访时从某演讲者那里道听途说，对演讲者的演讲内容进行了错误的理解，加上审稿不严，这则新闻就这样出现了，之后在社会上产生了误导，造成了不良影响。仅凭一个专家的演讲，没有官方文件，没有权威新闻源，而且未经核实便仓促发表，难免会出错。网络时代，网站应考虑从传统的信息提供者转型为信息管理者，提高网站内容的专业性、可信性，从而赢得网民对网站的信赖。

2. 网络管理“引导”作用的主要着力点

互联网日益成为各种利益诉求的中心地和民意表达的重要场合，而当前我国正处于社会急剧转型期，各种矛盾叠加，在这种情况下网站应该用怎样的思路引导网民？用怎样的传播影响网民？要自觉坚持建设性的立场，尽量组织有效的社会对话，有效缓解情绪，避免矛盾激化，消除思想鸿沟，建立社会互信，促进公平正义，实现社会的和谐稳定。

（1）要见事在先

网络的快速发展使少数唯恐天下不乱的人有了可乘之机。他们或利用有些新闻做反面文章，或凭空杜撰新闻，故意扩大社会的裂痕，企图引起社会动乱。网络信息泛滥，网站需要足够的选择能力、整合能力和预见能力。

网络编辑要有前瞻性思维，对信息资源进行动态化分析，以多角度、多层次、个性化的方式过滤整合信息，从而提供更系统、更专业、更有序的信息服务。同时，要从立足信息发布权过渡到掌握信息解释权。网络上诉求众多，网站应当预见性地评判舆情，适时干预引导，科学呈现事实真相，掌握舆论引导的主动权。

（2）要明事在理

网站要“趋利避害”。对网络传播来说，利是什么？就是主动报道社会发展的主要趋势，负责任地展现社会走向。害是什么？就是狭隘、自私、不计后果、不负责任的“自由言论”。网站要转变为舆论平衡者，善于听取各种意见，注意从多个角度呈现事物，促进网民理性判断并有效参与公共事务。

网站要切实发挥过滤引导的作用，立足于传播真实而美好的一面，保持网络空间干净清朗。

（四）有效发挥法规治理管控的调节作用

2013 年 8 月 19 日，习近平总书记指出：“要依法加强网络社会管理，确保互联网客观可控，使我们的网络空间清朗起来。做这项工作不容易，但再难也要做。”① 治理网络腐朽文化需要发挥法规的治理管控作用，在这个过程中有以下几个问题需要重点关注。

1. 在行业自律方面

行业自律是治理网络腐朽文化的前提。如何做好行业自律？

（1）健全自律公约违约惩戒机制

根据《中国互联网行业自律公约》的规定，对违反公约、造成不良影响的成员单位的惩罚，仅仅是在公约成员单位内部进行公开通报或取消其公约成员资格。当前，公约的成员单位及其违约情况都没有向全社会公布，使得加入和违反公约对网站的声誉几乎没有任何影响，没有约束力的公约相当于一纸空文。要保障行业自律公约效力的实现，就必须建立健全违约惩戒机制，其首要任务即建立公约签署和违反的公开通报制度。

（2）大力推广“违法和不良信息举报中心”

要大力推广“违法和不良信息举报中心”。可以从两方面开展工作：一是组织协会成员专题报道“违法和不良信息举报中心”；二是要求协会成员在网上设置举报链接。

在大力推广举报中心的同时还应优化举报的流程。例如，根据现有的举报流

① 中央文献研究室．习近平关于全面深化改革论述摘编［M］．北京：中央文献出版社，2014：84.

程，在被举报网站已被执法部门和行政机关处理或整改之后，举报中心才对举报人进行反馈。举报和反馈的时间间隔太长，会给人举报无效或工作效率低下的感觉。举报中心应该在审核之后及时反馈。

2. 在法规治理方面

在互联网应用的发展过程中不断产生新的矛盾和问题，为了解决这些矛盾和问题，很多政府部门参与了对自己管辖范围内网络的管理，并订立了相应的法律和法规，如国家食品和药品监督管理局制定了《互联网药品信息服务管理办法》，银监会制定了规范网上银行业务的《网上银行业务管理暂行办法》。虽然这一立法模式确保了法规的专业性，但由于各部门间缺乏协商，对同一种情况不同部门规定不同，有的甚至相互冲突。此外，互联网新领域层出不穷，对于新领域的管辖权不同部门之间有时也会存在纠纷。这就要求设立相应的机构，专门统一调控和管理互联网的立法和管理。

还要完善制定和实施法规的程序。由于在制定和实施互联网相关法律法规时存在不少弊端，目前我国法律法规的公正客观性并没有得到良好的体现。要改变这一现象，可以从两个方面入手。一是建立独立的法律、法规制定机构。我国有关互联网治理的法规目前几乎都由其执行部门制订，这种既当运动员又当裁判员的模式使现行法规缺乏公正性和客观性。要改变这种现象，应建立专门的互联网法律、法规制定机构，该机构独立于管理部门之外。二是加强分析调查工作。任何法律、法规的制定都应以科学的分析和调查为基础。充分的分析和调查可以有效地减少偏差的可能性，使法律和法规的实施产生良好的效果。法律法规的调查分析主要包括三个方面：一是对互联网应用现状的调查；二是对现有相关法律法规的调查；三是对法律法规管理对象的调查。在充分调查的基础上进行科学的分析，才能制定出公平、有效的法规。

3. 在行政监督方面

目前行政监督的主要问题是缺乏对网络舆情的引导。网络舆情产生真实的影响有一个过程，实际上就是互联网群体的两极分化过程。其主要原因是网络群体在讨论时没有接受多样化的意见，限制了群体的视野，使群体走向极端。要解决这个问题，最有效的手段就是直接参与到网民的讨论过程中，发表不同的观点，开拓网络讨论的视野。当前，很多地方政府已付诸行动并取得了良好效果。例如在济源“铅中毒”事件中，济源市政府组织网络评论员在各大论坛上的相关帖子中评论、跟帖，积极参与网络讨论，并在论坛和热点网站上刊发客观和正面的文章，宣传日常防护知识，引导、梳理网民情绪，把大量网民引导到对问题的辩证分析上来。

要大力发展网络先进文化，传播健康有益的文化，就要坚决抵制网络腐朽文化。全社会应积极倡导文明办网、上网之风，大力提升网民弘扬正气的意识，切实发挥网站的过滤引导职能，有效发挥法规的治理调节作用，抵制网络腐朽文化的传播。

参考文献

[1] 李臻. 论“三俗”文化的理性反思 [D]. 济南：山东师范大学，2012.
[2] 闫树茂. 论继续肃清封建主义残余思想与加强党的建设 [D]. 乌鲁木齐：新疆师范大学，2009.
[3] 马麟. 网络时代的文化管理问题 [J]. 企业改革与管理，2016 (7)：169.
[4] 喻国明. 全媒体时代网民心理疏导机制 [J]. 人民论坛，2015 (11)：65 - 67.
[5] 李维安，林润辉，范建红. 网络治理研究前沿与述评 [J]. 南开管理评论，2014 (5)：42 - 53.
[6] 姚源. 我国互联网治理研究 [D]. 武汉：华中师范大学，2012.
[7] 符莹. 高校网络舆情疏导与治理体制研究 [J]. 才智，2016 (3)：25.
[8] 陈边，等. 做负责任的网络把关人 [J]. 新闻前哨，2011 (8)：86 - 88.
[9] 郑少春. 网络传播与网络管理探析 [J]. 中共福建省委党校学报，2009 (11)：106 - 114.
[10] 刘恩东. 新加坡网络监管与治理的组织机制 [J]. 党政视野，2016 (10)：72.
[11] 王丽娜. 论新媒体时代的网络专项治理转型 [J]. 新闻研究导刊，2016 (18)：85 - 86.
[12] 陈凌云. 当前我国大众传媒低俗化现象对未成年人的影响及对策思考 [D]. 武汉：华中师范大学，2008.
[13] 欧阳麒. 我国网络传播社会责任缺失研究 [D]. 长沙：中南大学，2012.
[14] 徐静. 网络媒体社会责任缺失及其对策研究 [D]. 石家庄：河北经贸大学，2013.

第七章　继承优秀传统文化基因

文化是民族的血脉，是人们的精神家园。五千年中华文明孕育了光辉灿烂、博大精深的中华文化，这也是中华民族生生不息、绵延发展的不竭动力。

在中华民族五千年的历史长河中，以儒、释、道为代表的中华优秀传统文化是中国文化的重要组成部分，经过数千年的积淀和发展，其以丰富灿烂且博大精深的特点深深地融入中华民族的血脉之中，成为中华民族共同的精神记忆和中华文明特有的文化基因。

网络先进文化植根于中华优秀传统文化，与优秀传统文化有着深厚的历史渊源。要着力推进网络先进文化，继承优秀传统文化基因，首先要加强对中华优秀传统文化的挖掘和阐发，给网络先进文化以积极引导。其次，要努力发掘中华优秀传统文化资源，实现中华优秀传统文化的创造性转化与发展，以适应网络先进文化快速发展的需要。再次，促进中华优秀传统文化的网络呈现，要进一步实现优秀作品数字化、网络化传播，并加快文化信息资源整合，加强网上学术文化交流等，为网络先进文化的发展提供技术支撑和发展平台。只有上述一系列举措并重，才能积极有效地继承优秀传统文化基因，更好更快地实现网络先进文化的健康发展。

一、网络先进文化植根于中华优秀传统文化

我国网络先进文化具有以马克思主义为指导思想、以中国优秀传统文化为主

要内容并借鉴西方文化积极成果等特征。优秀传统文化和先进网络文化是源头活水的关系。一方面，中华优秀传统文化借助网络文化的大众性、便捷性等特点得以声名远播；另一方面，网络先进文化又植根于优秀传统文化，汲取营养并不断发展。

（一）中华优秀传统文化是中华民族的突出优势

习近平总书记在2013年8月19日全国宣传思想工作会议上指出："中华优秀传统文化是中华民族的突出优势，是我们最深厚的文化软实力"，"中华文化积淀着中华民族最深沉的精神追求，是中华民族生生不息、发展壮大的丰厚滋养。"这一系列论述明确地定格了中华优秀传统文化的重要地位和积极作用。

中华民族在长期的社会生活实践中、在与各民族不断地交融与碰撞中逐步形成了以天下为一统的家国意识、人伦自然和谐的社会观念、兼容并包的文化风气及勤俭耐劳的民族品性等为主要特征的中华优秀传统文化。中华优秀传统文化内涵丰富、博大精深，其精神价值核心以儒释道文化为代表。

究其原因，不仅是因为儒释道文化具备了上述"传统"形成的时间条件和"文化"形成的质量要素，更重要的是儒释道文化具备"优秀传统"内涵的两个必要条件——获得历朝历代官方的一致倡导和广大人民群众的认可、吸收及追随。优秀的传统文化必然是合法的、有引领作用的文化，是官方和广大人民都欣然接受的主流文化。

在儒释道三家思想中，儒家思想最早被确定为主流思想，且在两千多年的历史长河中一直处于主导地位。其核心内容"内圣外王"的总论述及"仁、义、礼、智、信、恕、忠、孝、悌"等核心思想对中华民族文化特点及人民的性格特质、价值取向的形成起着根本性作用。"内圣外王"是儒家思想总的概括。"内圣"在《大学》中被论述为"格物、致知、诚意、正心、修身"，也就是通过自身的修养成为圣贤的一门学问；"外王"在《大学》中被论述为"齐家、治国、平天下"，是在内心修养达到完善至臻的基础上通过社会活动推行王道，创造出和谐美好的大同社会的一种学说。"内圣外王"皆以"仁、义、礼、智、信、恕、忠、孝、悌"为根本指针。

儒家文化逐渐发展，形成了一系列积极有效地维护社会稳定和人民生活的学说，如儒家思想中的"五伦、五常、四维、八德"，这些是从人际到人与社会及人与自然之间如何有效相处的学说。“五伦”指的是五种人际关系，即父子有亲、君臣有义、夫妇有别、长幼有序、朋友有信。“五常”是指五种永常存在的人伦大道，即“仁、义、礼、智、信”，它主导着人们的基本价值取向。“四维”就是“礼、义、廉、耻”。南宋理学家朱熹曾把“八德”总结为“孝、悌、忠、信、礼、义、廉、耻”。到了民国时代，孙中山先生则把“八德”总结为“忠、孝、仁、爱、信、义、和、平”。不难看出，这些内容就是今天仍在倡导的“仁爱和平、礼义廉耻、孝悌忠信”。这些精华思想为中华民族的生存与繁衍提供了巨大的心灵支撑及强大的内在动力，在中华民族五千年文明史上发挥了重要作用，其突出优势表现在以下两个方面。

1. 倡导积极向上且连续稳定的价值理念

不同的时代有其时代精神及对应的价值理念。春秋时期百家争鸣，道家倡导“无为”，墨家主张“非攻”，儒家讲“仁义礼智信”、提倡周礼。当时虽然各家倡导不同，没有形成大一统的治世学说，却为后世确立了良好的革新传统。孔子倡导“三军可以夺帅，匹夫不可以夺志”的人生价值观；孟子提出“富贵不能淫，贫贱不能移，威武不能屈”，弘扬做人要有浩然正气，崇尚民族气节；《周易》的“天行健，君子以自强不息”引领人们注重不懈奋斗的精神；范仲淹“先天下之忧而忧，后天下之乐而乐”的忧患意识、顾炎武“国家兴亡，匹夫有责”的深沉爱国主义情怀、张载“为天地立心，为生民立命，为往圣继绝学，为万世开太平”的责任担当意识，等等，都倡导了积极向上的价值理念。正如习近平总书记 2014 年 5 月 4 日在北京大学师生座谈会上的讲话中所说：“这些思想和理念，不论过去还是现在，都有其鲜明的民族特色，都有其永不褪色的时代价值。这些思想和理念既随着时间推移和时代变迁而不断与时俱进，又有其自身的连续性和稳定性。”

2. 中华优秀传统文化蕴含大智慧

中华优秀传统文化蕴含着使华夏民族身心和谐、家庭和谐、社会和谐、人与自然和谐共处的大智慧，有着一整套关于“修身、齐家、治国、平天下”的主张，有效调和了个人、家国及自然的和谐共处关系，中华民族得以延续和繁荣的根本就在于此。而与之对应，西方外来文化包含的极端个人主义、自私、斗争、战争的价值观和纵欲享受的人生观严重影响社会和谐发展及国民素质的提升，是产生当今社会一些乱象的重要原因。在西方价值观念的冲击，一些人信仰缺失、道德失范、人生价值观扭曲，物质富足却精神焦虑，处于“忙、盲、茫”的生活状态，生活幸福指数不高。一系列现象证明，西方外来文化不仅不能解决人们的思想问题和现实矛盾，盲目崇尚反而会加剧国民乱象和矛盾。有识之士已充分认识到中华优秀传统文化对解决我国当前面临的社会矛盾、增强国家软实力、构建和谐社会、实现民族复兴具有重大意义。在社会各界的倡导下，越来越多的人意识到重视和发扬中华优秀传统文化的精华智慧是家国富强、人民幸福的关键所在。

（二）中华优秀传统文化是网络先进文化的深厚历史渊源

一个国家和民族文化的持续发展和繁荣离不开既有的文化传统，而优秀的文化传统在文化传承、变革和创新中起到了根基的作用。中华民族五千年创造的光辉灿烂、举世瞩目的文化正是在文化传统上的不断发展进步，凝聚了中华民族的精神血脉，对世界文明发展做出了重大贡献。

纵观我国历代文化的发展演进，无一不是在既有的文化基础上进行的发展和演变，才使得中华文明几千年来不断发展。自汉代始，官方实行大一统的儒家学说。到魏晋南北朝时期，中华文化的发展趋于复杂化，儒家学说不仅没有中断，反而有较大发展，表现出更加旺盛的生命力。就魏晋南北朝的学术思潮来说，当时的知识分子不满足于把儒学凝固化、教条化和神学化，提出有无、体用、本末等哲学概念来论证儒家学说的合理性。

隋唐时期是文化、经济多方面繁荣鼎盛的时代。国家在文化领域采取开放政策，不仅大量吸收外域的多样文化，而且将我国繁荣发达的传统文化传播到世界各地。在此时期，不仅传统儒学文化得到了整理和进一步发展，道教文化也有了新的发展。文化政策上的相对开明使这一时期的科学技术、天文历算进步突出，文学艺术百花齐放、绚丽多彩，诗、词、散文、传奇小说、变文、音乐、舞蹈、书法、绘画、雕塑等都取得巨大成就，并深刻影响着世界各国与后世。

宋元时期，文化得到进一步发展。儒家学说在宋代得到了空前的复兴，达到繁盛。在佛、道双重思想的影响下，诞生了新的儒学思想——理学，代表人物为“北宋五子”（周敦颐、邵雍、张载、程颢、程颐）、朱熹和陆九渊。经过“二程”与朱熹的发展，理学发展成为一套完整的哲学体系，南宋末年成为官方哲学。到了元代，理学家大多舍弃两派所短而综汇所长，最后“合会朱陆”，成为元代理学的重要特点。

明清时期，我国文化思想随着时代的演进进一步革新。一些进步文人在思想上批判地继承传统儒学，努力构筑具有时代特色的新思想体系。黄宗羲批判旧儒学“君为臣纲”的思想，继承先秦儒家的民本思想，提出“天下为主，君为客”的新命题。顾炎武批判道学脱离实际的学风，主张发挥孔子的“博学于文，行己有耻”的积极思想，提倡走出门户，到实践中求真知。王夫之批判理学先前宣扬的“天命论”和“生知论”，建立了超越前人的唯物主义体系。这些主张在一定意义上具有解放思想的历史进步性，对当时的社会发展无疑是有进步意义的。

中华民国时期，人们对先进文化尤其是民主和科学的追求从未停歇，以此为宗旨的思潮和运动接连不断。“五四”新文化运动率先举起这两面大旗，之后追求科学、民主的思潮和运动继续发展，显示出了我国文化思想运动发展的螺旋式上升。

产生于当代的网络先进文化与优秀传统文化之间有着深厚的内在联系。网络先进文化以中华传统文化为主要内容，生发于源远流长的中华优秀传统文化。中华优秀传统文化作为中华民族的思想根基，蕴含着以爱国主义为核心的团结统一、爱好和平、勤劳勇敢、自强不息的民族精神，是伴随着中华民族的发展而逐步形成的，不仅滋养网络先进文化，也必将伴随着网络先进文化的发展而不断延续并彰显其旺盛的生命力、高度的凝聚力和伟大的创造力，成为中华民族伟大复兴的生命之源、动力之源。

二、加强对中华优秀传统文化的挖掘和阐发

中华文化历来是包容性很强的文化，它兼收并蓄、博采众长，善于从外来文化中汲取营养，充实、滋养、发展自己。

习近平总书记在2013年9月26日会见第四届全国道德模范及提名奖获得者时的讲话中指出：“中华文明源远流长，孕育了中华民族的宝贵精神品格，培育了中国人民的崇高价值追求。自强不息、厚德载物的思想支撑着中华民族生生不息、薪火相传，今天依然是我们推进改革开放和社会主义现代化建设的强大精神

力量。”加强对优秀传统文化的挖掘和阐发，是目前我国网络先进文化建设的重要内容。

（一）发掘中华优秀传统文化资源，寻找共同的价值理念

中华优秀传统文化蕴含着丰富的思想内涵，在华夏儿女长期的生活和生产实践中形成了优良的传统美德，这是中华优秀传统文化的重要内容。习近平总书记在2014年2月2日中共中央的政治局第十三次集体学习的讲话中指出：“中华传统美德是中华文化精髓，蕴含着丰富的思想道德资源。不忘本来才能开辟未来，善于继承才能更好创新。”中华传统美德在当今社会发展中仍有继往开来、跨越古今的借鉴价值。

中华传统文化的内容庞大而深厚，其所蕴含的仁爱、和谐、生态、人文、持续发展等价值观念符合整个人类文明发展的潮流，反映了人类共同的价值追求，对人类社会持续发展具有积极的借鉴意义。中华传统文化为正确处理人与人、人与自然以及人与自身心灵之间的关系提供了可汲取和借鉴的智慧资源，对补救西方现代价值观偏颇、克服当代全球性问题与危机具有重要意义。

当今社会人口问题、资源问题、环境问题等全球性问题越加凸显，以计算机技术为主导的科学技术水平的提高为全球化进程提供了技术支持和历史可能，推动了区域性多边交流和多国交流。全球化的交流过程不仅存在于经济、政治等方面，也存在于文化方面，或最终体现在文化的交流，从而推动全球共同价值理念的形成。

近代学者钱穆认为，只有中国文化能发展成为一个具备共同价值理念的文化系统，西方文化太注重个人的自由，不利于发展共同价值理念。他说：“然此只有中国文化之潜在精神可以觊望及此。”虽然他的说法有偏颇之嫌，但也指出了西方文化现代价值观的不足之处，即过于强调个人主义、功利主义及工具理性主义等方面的价值，将不可避免地产生利己主义。功利主义追求个人私欲的无限满足，崇尚个人享受，这种潜在的心理追求在当今社会尤其是网络化呈现后很有可能会演变为追逐物质主义和消费主义。中国传统文化中的传统道德与精神价值的核心，如“仁”“和”“公”“诚”等思想有利于矫正西方文化中可能产生的诸多偏颇，或为矫正这些问题指明了道路和方向。

中华优秀传统文化是中华文化的精髓，对现代社会的发展与和谐社会的建设

具有重要的理论和现实意义。

1. “仁”的思想

习近平总书记在 2014 年 10 月 15 日全国文艺工作座谈会上的讲话中指出：“中华民族在长期实践中培育和形成了独特的思想理念和道德规范，有崇仁爱、重民本、守诚信、讲辩证、尚和合、求大同等思想，有自强不息、敬业乐群、扶正扬善、扶危济困、见义勇为、孝老爱亲等传统美德。中华优秀传统文化中很多思想理念和道德规范，不论过去还是现在，都有其永不褪色的价值。”

习近平总书记把“崇仁爱”放在传统美德的首位，足见其根本性和重要性。关于“仁”的概念，在中国文化典籍《论语》中有较详尽的解读。“仁”在《论语》中共出现了 109 次，孔子对不同的学生、在不同的场合回答什么是“仁”，如“克己复礼为仁”，“能行五者（恭、宽、信、敏、惠）於天下为仁”，“仁者先难而后获”，“仁者爱人”。由此可见，在儒家学说中“仁”的内涵是非常丰富的，几乎统摄一切美好的德行。当代学者谢无量在《中国哲学史》中列举了 47 个德目，如诚、敬、恕、忠、孝、爱、知、勇、恭、宽、信、敏、惠、慈、亲、善、良、恭、俭、让、中、恒、和、友、顺、礼、齐、庄、肃、悌、刚、毅、贞、谅质、正、义等，这些都体现了“仁”。

除了人伦亲情之外，在处理和他人的关系上，孔子提出两条原则：一是“己欲立而立人，己欲达而达人”，二是“己所不欲，勿施于人”（《论语·颜渊》）。凡事都要设身处地替别人着想，这是对他人之爱的具体实现，后者已经成为国际交往惯例的基本原则。李肇星在 2005 年 8 月 22 日发表的《和平、发展、合作，新时期中国外交的旗帜》的署名文章中指出：“孔子在两千多年前提出的‘己所不欲，勿施于人’被誉为处理国际关系的‘黄金法则’，镌刻于联合国总部大厅。”在当今社会人际交往中，在国家与国家之间的多方面交流中，“仁”的作用无疑是巨大的。以“仁”治国在当代也有积极的借鉴作用。中共中央提出“以德治国”的理论，正是从中华优秀传统文化中挖掘的宝贵财富，把以法治国和以德治国统一起来，已经成为治理国家的重要决策。

2. “和”的精神

《论语》中提到：“礼之用，和为贵。”《论语·学而篇》中有“君子和而不同，小人同而不和。”孟子也曾说：“天时不如地利，地利不如人和。”（《孟子·公孙丑下》）“和”是儒家思想中的一个重要概念，是中华民族精神的体现，也是中华民族的首要价值观。无论儒家还是道家，都有鲜明的“和”的意识。道家创始人老子说：“万物负阴而抱阳，冲气以为和。”他认为“和”是万物阴阳相抱的本质特征。老庄哲学的代表人物庄子则指出“与天和”“与人和”的理念：“夫明白于天地之德者，此之谓大本大宗，与天和者也；所以均调天下，与人和者也。与人和者，谓之人乐；与天和者，谓之天乐。”（《庄子·天道篇》）这些都表达了道家崇尚“和”的思想。儒家思想中把“和”及“中”结合起来，构成中和之道。《中庸》里记载：“中也者，天下之大本也；和也者，天下之达道也。致中和，天地位焉，万物育焉。”明确把“中”视为“大本”，把“和”看作“达道”，达到了中和状态，就可以使天地各得其位，万物生长发育。古代的思想家都看到了“和”在社会和万物发展中的重要作用。我国社会主义核心价值观中把“和谐”作为重要价值取向，也是对我国传统和谐文化之真精神的继承与弘扬。

“和”的思想是中华民族五千年来一以贯之的文化核心价值观，也是中国走向世界的形象，是人类未来的发展方向。在世界文明中，中华文化“和”的价值观无疑是至诚、至真的，且能包容、融通、化育、引导各种文化和谐发展。只有“和”才是人类所有文化共生、共存之根。“和”的理念能使不同国家、不同种族、不同信仰的人民在相互交往中充分获得尊重和理解。“和而不同，是社会事物和社会关系发展的一条重要规律，也是人们处世行为应该遵循的准则，是人类各文明协调发展的真谛。”这是江泽民同志在乔治·布什图书馆演说中对“和而不同”的精辟阐释。面对世界性的环境危机、恐怖主义、诚信危机，如何使国家长治久安、世界和平？“和”的精神极具普世价值。

3. “公”的价值

关于“公”的价值，我国传统文化中多有提及。《诗经》中最早提出“夙夜在公”（《召南·采蘩》）的理念；《礼记·礼运篇》明确提出“大道之行也，天下为公”的理想追求；战国中期法家代表人物商鞅有“开公利而塞私门”（《商君书·一言》）及“公私分明”（《商君书·修权》）的主张；《管子》中明确强调“任公而不任私”（《任法》）和“废私立公”之说，提出“天公平而无私，故美恶莫不覆；地公平而无私，故小大莫不载”（《形势解》）；《吕氏春秋·贵公篇》中有“昔先圣王之治天下也，必先公，公则天下平矣，平得于公”的说法。诸如此类，都明确表明华夏民族自古就崇尚“公”的价值。和“公”意义相近的一个理念“正”在传统经籍中也多次涉及。例如，《尚书·洪范》中有“三德：一曰正直，二曰刚克，三曰柔克。”这里把“正直”视为“三德”之首，可见其地位之重要。孔子把为政与品行端正结合起来，说：“政者，正也。子率以正，孰敢不正?”（《论语·颜渊》）又提到“其身正，不令而行；其身不正，虽令不从。”（《论语·子路》）孟子也说：“正己而物正者也。”（《孟子·尽心上》）《左传》有言：“正直为正，正曲为直。”（《襄公七年》）如此等等，都从不同角度彰显了“正”的重要作用。由此可见，把“正”作为社会管理者的价值取向，早已成为我国先贤处事待人的重要原则。而“公正”组成为一个合成词，意义是相近的，它由“公”与“正”组合而成。“公”指的是公平而不偏私，“正”指的是正直而无邪念。“公正”，旨在要求国家公职人员在处事中做到公平正直，对待下属要“一碗水端平”，不徇私舞弊。在处理国家大事、国与国之间的多方位交流中，公正也是一种高尚的政治品格、一种值得推崇的价值理念。

4.“诚”的信念

孟子说：“诚者，天之道也；思诚者，人之道也。”（《孟子·离娄上》）表明“诚”作为一种客观实在，体现了“天之道”，即自然法则；向往“诚”的境界，则体现了“人之道”，即人们的道德追求。荀子说：“君子养心莫善于诚，至诚则无它事矣，唯仁之为守，唯义之为行。”（《荀子·不苟》）也就是说，君子修养自己的心性，以“诚”为最善，能达到诚的境界，则“仁”“义”等高尚道德追求就在其中。《大学》有：“意诚而后心正，心正而后身修。”《中庸》中提到：“君子诚之为贵。”《后汉书》更明确指出：“精诚所加，金石为开。”（《王荆传》）到了宋代，理学代表人物之一周敦颐更把“诚”提到“五常之本，百行之源”的地位，可见“诚”的重要性。和“诚”一起组成合成词“诚信”的“信”，其意义历代思想家也多有论述。《老子》说：“信不足焉，有不信焉。”又说：“轻诺必寡信。”孔子提到“道千乘之国，敬事而信”，“与朋友交，言而有信”，“人而无信，不知其可也”，可见“信”的独特作用。北宋理学家程颢更把“诚”与“信”结合起来，强调“诚则信矣，信则诚矣”（《河南程氏遗书》卷二十五），意思是诚中有信，信中有诚，两者不可分割。上述论说表明我国古代先贤十分重视诚信之德的构建。“诚”指“真实无欺”，“信”为守诺而不食其言。“诚信”合称，就是要求人们在相互交往中做到真诚实在、不失信誉。这是我国国民在社会交往中都应信守的道德意识，对世界经贸、文化等的交流与合作也有广泛的借鉴意义。

5. 自强不息

《周易》中有言“天行健，君子以自强不息”，大意是天（自然）的运动刚强劲健，相应君子处世，也应像天一样，自我力求进步，刚毅坚卓，发愤图强，永不停息。

“自强”自古就是中华民族的传统美德，是支撑中华文明生生不息的发展动力。习近平总书记2013年9月26日在会见第四届全国道德模范及提名奖获得者时的讲话中提到：“自强不息、厚德载物的思想支撑着中华民族生生不息、薪火相传，今天依然是我们推进改革开放和社会主义现代化建设的强大精神力量。”

自古至今，无数优秀炎黄子孙的人生轨迹中都鲜明地印刻着自强不息、刻苦勤奋、拼搏向上的精神品质。我们的文化对年轻人倡导“少壮不努力，老大徒伤悲”，对老年人则提倡“老骥伏枥，志在千里”的自强精神。司马迁在《报任安书》中有这样一段话：“盖文王拘而演周易，仲尼厄而作春秋；屈原放逐，乃赋离骚；左丘失明，厥有国语；孙子膑脚，兵法修列；不韦迁蜀，世传吕览；韩非囚秦，说难孤愤；诗三百篇，大抵贤圣发愤之所为作也。”其中列举了诸多历史名人忍辱负重、自强不息，最终取得辉煌成就的事迹。

几千年来自强不息的精神代代相传，涌现出不可胜数的因自强发奋而取得卓越成就的人物。正因如此，中华民族才能在不同历史时期克服万难，迎头赶上，实现祖国长久稳定的繁荣。

6. 见义勇为

在《论语·为政》中有“见义不为，无勇也”的论述，是孔子关于勇敢美德的言论，意指眼见应该挺身而出的事却袖手旁观，这是怯懦与缺乏勇气的表现，倡导见义勇为。《孟子·告子上》言：“生，亦我所欲也；义，亦我所欲也。二者不可得兼，舍生而取义者也。”孟子提倡的“舍生取义”和孔子提倡的“见义勇为”本质上是相通的，即为维护正义而奋不顾身。用现在的话来说，见义勇为就是公民为保护国家和集体利益及他人的人身财产安全，不顾个人安危，同违法行为做斗争，或者抢险、救灾、救人的行为。这种行为展现了忠于祖国、热爱人民的赤子情怀，临危不惧、舍己救人、不怕牺牲的英雄气概，心系社会、关爱他人的优秀品德，乐于奉献、甘于献身的高尚情操，是中华民族的传统美德，是中华优秀传统文化的重要组成部分，更是人类文明进步的思想结晶。

中华文明传承几千年，见义勇为者或挺身而出勇斗歹徒，或义无反顾舍身救人，本质上都是重义轻利和有责任担当意识的具体体现。英雄义举往往只在一瞬间，但它需要优秀品质和高尚人格的长期积淀，与人们的职业、地位、贫富、经历无关。崇义、正直、善良是见义勇为者高贵品质的根本基础，是社会进步的动力，更是中华民族的脊梁。

我国几千年的优秀传统文化孕育了以“匡扶正义、鞭挞邪恶，扶危济困、舍己救人”等为基本内涵的见义勇为的美德，这是中华民族传统美德的核心价值，也是永不褪色的民族精神。

我国传统文化中的经典要义还可以列举许多，这些经典要义已经成为全人类共同的精神财富和基本的道德准则。历史实践表明，中国传统文化中的共同价值观念是一个开放的系统，它必然会随着时代的变迁、社会的进步而不断丰富和发展，对当代中国乃至全世界的现代化进程起到积极且重要的作用。

（二）实现中华优秀传统文化的创造性转化、创新性发展

党的十八大以来，对于中国传统文化的创新及发展问题，习近平总书记曾从多个侧面展开了一系列的精辟论述。2014 年 2 月 24 日，习近平总书记在主持十八届中共中央政治局第十三次集体学习时指出，弘扬中华优秀传统文化，“要处理好继承和创造性发展的关系，重点做好创造性转化和创新性发展”。这就明确指出了新形势下党对待传统文化的基本态度和“两创”的基本方针。所谓创新性发展，就是要按照时代的新进步新进展，对中国优秀传统文化的内涵加以补充、拓展、完善，增强其影响力和感召力。所谓创造性转化，就是要按照时代特点和要求，对那些至今仍有借鉴价值的内涵和陈旧的表现形式加以改造，赋予其新的时代内涵和现代表达形式，激活其生命力。

首先，创新性地建设、发展先进文化就要有改革创新意识，使优势成为优化

的资源，使实力成为超越的助力。在经济全球化的背景下，虽然中华优秀传统文化有其自身的渊源和优势，但要有效实现其当代价值转化，还需及时加强与世界文化的交流与互鉴。习近平总书记在2014年5月15日中国国际友好大会暨中国人民对外友好协会成立60周年纪念活动上的讲话中指出：“中国将以更加开放的胸襟、更加包容的心态、更加宽广的视角，大力开展中外文化交流，在学习互鉴中，为推动人类文明进步做出应有贡献。”中华优秀传统文化只有在与世界多元文化的碰撞和融合中才能凸显出我们的民族特色，完善成为日益成熟的强势文化。

其次，中华优秀传统文化与时代主题相融合，是当前我国思想文化领域的一项重要战略性任务。结合时代主题建构中华优秀传统文化传承创新体系，不是抛却传统文化原有的知识体系和思想精髓，更不是为迎合时代主题而对文化进行任意曲解改造，而是以马克思主义元典精神创造性地建设、发展传统优秀文化，是建设和发展面向现代化、面向世界、面向未来的文化，同我国辉煌灿烂的历史传统文化、同中国要对人类做出更大贡献的愿望和积极有为的国际责任观相适应，是与中国共产党人伟大的历史使命相契合的社会主义先进文化。

创新性地建设、发展先进文化，不是要用中国传统文化来对抗、抵制乃至取代马克思主义，而是要使中国优秀传统文化精神同马克思主义在深度意义层面上相互融会贯通，赋予当代中国马克思主义以更加鲜明的民族特色，进一步增强社会主义核心价值观和主流意识形态的吸引力、凝聚力和引领力。

面对新形势、新任务和新要求，要实现对中华优秀传统文化的传承创新，需要从以下几个方面着手。

1. 明确中华优秀传统文化的基本内涵

对于优秀传统文化内涵的界定，要从符合传统文化本身的意义着手。所谓传统，一定是经过长期的实践验证，历经各种历史的磨难而仍能很快恢复并继续为人们所遵从、被家庭所提倡、为社会所公认的道德、制度等。传统文化中的儒家思想精华部分即传统美德现在仍被人们继承和遵从，就说明了其优秀性。传统文化中能够帮助人们树立正确的人生观、世界观、方法论，开启智慧、提升思想境界并指引方向的文化，才能称得上是优秀传统文化。

2. 国家主流文化意识形态的倡导

十八大以来，习近平总书记在系列讲话中从政策和决策层面、国家的文化意志层面对传承、创新中华优秀传统文化进行了极好的诠释与说明。这些论述表明，国家主流文化意识形态中，中华优秀传统文化已成为中国特色社会主义文化的重要思想来源，反映出中国未来的施政纲领，体现了中国共产党在思想文化建设特别是复兴中华优秀传统文化方面所呈现出的前所未有的主动性和能动性，对纠正当下民众主流意识形态中存在的某些淡漠及偏颇的问题有很好的引领作用。

3. 优秀传统文化精神的大众性教育

提倡继承优秀传统文化并不是简单的文化复古，也不是简单地要求民众大量学习传统文化典籍，而是多样吸收。要选择那些对于不良世道人心和社会风俗具有积极的针砭作用的传统文化典籍，以多样的形式呈现。既可以在广大中小学甚至大学开设相关课程，也可以通过类似《百家讲坛》《文化寻根》等影视节目，以及借助网络文学、微信微博小故事等创新形式积极推动传统文化的传承，使当代社会尽早恢复对中国传统精神文化的自信，并自觉传播、践行传统文化的精髓要义。

三、促进中华优秀传统文化的网络呈现

《国务院办公厅关于加快发展生活性服务业　促进消费结构升级的指导意见》在文化服务一项中指出："着力提升文化服务内涵和品质，推进文化创意和设计服务等新型服务业发展，大力推进与相关产业融合发展，不断满足人民群众日益增长的文化服务需求。积极发展具有民族特色和地方特色的传统文化艺术，鼓励创造兼具思想性艺术性观赏性、人民群众喜闻乐见的优秀文化服务产品。加快数字内容产业发展，推动文化服务产品制作、传播、消费的数字化、网络化进程，推进动漫游戏等产业优化升级。深入推进新闻出版精品工程，鼓励民族原创网络出版产品、优秀原创网络文学作品等创作生产，优化新闻出版产业基地布局。积极发展移动多媒体广播电视、网络广播电视等新媒体、新业态。推动传统媒体与新兴媒体融合发展，提升先进文化的互联网传播吸引力。完善文化产业国

际交流交易平台，提升文化产业国际化水平和市场竞争力。”这是为适应人民群众文化消费升级需求、推动文化发展和相关产业全面提升规模、品质和效益的总体部署，明确提出了发展文化产业的全面、系统的政策性文件，为优秀文化的传播指明了发展方向。

（一）实现优秀作品数字化、网络化

在文化领域，数字化发展是重要趋势。把优质知识资源积极转化为数字化产品，契合青年人的接受方式和习惯，且有利于促进中华优秀传统文化的进一步传承和弘扬。国家知识资源数字化建设是一项重要的数字化基础建设，其利用云计算技术和大数据技术建设国家知识资源数据库架构和应用示范平台，把各个领域不同类型的知识资源进行整合，将知识资源转化为知识素材，使其成为知识传播利用的工具，对于文化传承和创新具有重要意义。

加快知识资源数字化建设，完善知识资源共享存储、集中交换和综合服务，是实现优秀传统文化内容资源和信息资源综合开发与有效利用的有效途径。提供数据挖掘、云存储及备份等多功能技术支持，实现行业信息数据共享，将进一步推动传统优秀文化传承的创新发展。

要达到上述目标，需要做好以下几方面的工作。

1. 实现传统优秀文化的再继承和梳理

20 世纪 90 年代以来，网络技术的出现使得中国传统文化有了新的载体和传播方式，互联网以其快速、便捷、直观的特点极易被大众迅速接受。

网络媒体集创作、传播、传承多功能于一体，给中华传统文化的传承带来了全新的传播方式，也为传统文化的发展带来了新的动力。中华民族拥有丰富灿烂、博大精深的文化，经过几千年的原创、延续、递增、扩容，内容宏博精深，形式复杂多样。在哲学思想方面，有以儒家经典、诸子百家及佛道禅学等为主导的思想观念；在生活方面，有历代科技进步、创造发明、民族建筑、中医武术、美食养生、日常器物等文化积淀；在艺术方面，书法、绘画、工艺、文物、戏曲等异彩纷呈；在知识方面，有华夏各族语言文字、诗赋成语、文献典籍、遗址遗存，还包括各类非物质文化遗产等需要继承和发扬的文化内容。随着互联网时代的到来，要从书籍整理中、民间采风中、技术创新中继承优秀传统文化，并进行

分门别类的梳理整合，加上数字化的分类、检索、可视化、动态化、互动化手段，充分发掘我国优秀文化的宝藏，传承文化力量。

优秀传统文化进行数字化传播需要全面进行专题化遴选与有效的数字化加工。对于各个行业、各个生活层面的民众来说，根据行业、年龄、地域进行专题化细分，建设开发专题性的网站平台、专题数据库、可供下载的专题数据包、单项重点内容的APP产品，或可比较好地解决群众关注范围广泛的问题，得到广大民众的支持和欢迎。同时，如果将这类产品根据内容进行分门别类的故事化、视频化、动画化、游戏化、可移动互联化，将会有效提升民众的接受效果。

2. 创造满足广大群众需求的数字化、网络化便捷服务

在当今全面数字化的互联网时代，各种新媒体的兴起快速改变着人们的阅读模式，人们获取知识、信息的渠道和途径都发生了改变。在文化传播方面，由于时代发展带来的文化创意、制作、交流及消费模式的转变，文化在普及方式上更加便捷、更加大众化。

人们常用的文化资料随着互联网的发展逐渐被各种软件取代，数字化的存储使得这些内容在网络上能随时储存、随时查阅。博客、微博、微信、QQ等各类社交平台、电商平台为满足用户的不同需求设置了相对应的使用方式，大大拓宽了广大群众文化消费的便捷程度。但是也应看到，由于网络发展良莠不齐，众多平台的同时使用难免会造成大众在识别和选择上的困难，这就需要对一些普及化、权威化的资源进行整合共享。国家或地方应该尽量系统地提供方便易懂、易学易用的公共文化服务。

在移动互联网日渐普及的网络化时代，文化内容要实现最大程度的传播，仍需要载体技术手段的持续创新，包括内容呈现的系列化、便利化、个性化，以及载体投放地点、形式、时段的综合考量。同时，文化资源整合和规范的产品也应紧跟技术创新的步伐。

3. 研发数字化、网络化传播的多种形式

在新媒体语境下，在产品的开发设计上要创造各种适合互联网新媒体新技术的文化传播方式，丰富世界人民的文化生活，开阔世界人民的精神边界，提高中华文化的影响力。

文化传播内容的不同，对于某一类型内容的关注或对特殊文化类型的关注会逐渐形成分众化的关注群体，如某些音乐的小众化传播及接纳。在这种情况下，要实现文化传播的普适化精神内核、大众化选题导向、数字化技术形式及创意化艺术手段，将是一项复杂且充满挑战的工程，需要多种传播手段的积极参与，这是未来需要研究和解决的重要问题。

（1）数字化数据库

在大数据时代建立系统丰富的数据库，把几千年来传统文化的传统存储方式转化为数字化存储，将是一项浩大繁琐的系统工程。进入21世纪以来，我国国家图书馆启动了“中国基本古籍库”项目，共分哲学、社科、史地、艺文、综合5个库、20大类和100个细目，收录了先秦至民国年间历代典籍1万余种，全文总计约20亿字，图像约2000万页，内容总量大约相当于3部《四库全书》。这一项目把中国五千年的灿烂文化用现代信息技术表现出来，以信息形态进入当代知识创新体系，成为整理存储、跨库检索及传播中华传统文化的重要媒体和平台。在各省市的文化建设中，根据各自的区域文化特色开设了分门别类的文化资源数据库。这些特色传统文化数据库建设有利于地域文化的存储、传播，也成为推动地方出版业、旅游业及相关服务产业发展的重要资源。

（2）数字化出版

传统的纸介质图书出版在当今时代已经远远不能满足受众的需求，网络、手机及各种新兴阅读方式的发展也加速了数字出版技术的革新，使图书、报纸、杂志、电视等媒体的界线变得模糊。如果说凡是通过计算机存储、处理和传播的信息媒体，包括文字、图像、视频等都可以称为数字出版物，那么数字出版物的载体在当下应该是磁盘、芯片、光盘等介质。

中华传统文化的内容也可以进行数字化转换和存储，通过不同传播介质展现出来。各种光盘、U盘、芯片等电子介质的数字出版物已经成为传统文化的新载体。数字化出版的前景十分值得期待。

（3）通俗化传播

网络时代信息传播的受众层次分布多样而广泛。实现传统文化的通俗化传播，就是在充分考虑当前文化生存境况和文化传播目的的前提下，在适合社会大众接受水平的基础上以大众乐于接受的方式传播传统文化。传统文化中古代典籍繁复精深，需要对其进行科学合理的通俗化再解读。例如，对老庄思想、儒家学说、佛学精髓等经典文化需要用通俗易懂的语言转换为大众能接受和读懂的当代读本。央视《百家讲坛》好评如潮，即是把传统文化通俗化传播的成功范例，从中也可以看出广大群众对于通俗化经典的欢迎。动漫化、三维立体、有声语言、图文并茂的通俗化讲解也是青少年及儿童最容易接受的传播模式，如《三字经》《百家姓》等儿童启蒙读物应尽量做到让儿童喜闻乐见且寓教于乐。

（二）加快文化信息资源整合

当代学者司马云杰对“文化整合”这一概念曾这样界定：“所谓文化整合，是指不同文化相互吸收、融化、调和而趋于一体化的过程。特别是当有不同文化的族群杂居在一起时，他们的文化必然相互吸收、融合、涵化，发生内容和形式上的变化，逐渐整合为一种新的文化体系。”文化整合的实质是全社会打破和超越空间及思想障碍，在最大范围内达成多领域多方面的共识与合作。对文化信息资源整合来说，即通过组织和协调把全社会彼此相关却又彼此分离的文化信息资源整合成一个推进社会发展进步，全方位、多维度、有效的文化信息系统。

促进文化信息资源整合是新时期文化资源建设中一项长期而艰巨的任务。虽然当下各种类型的公私等文化机构都在进行着数字文化资源整合建设，但资源管理存在各自为政的问题，提供的服务也呈现分散多头的特点。因此，信息资源建设不可避免地存在重叠浪费、利用率不高等问题。在优秀传统文化资源建设领域迫切需要整合数字文化资源，把各种文化知识呈现在一个统一的平台上，集成公共数字文化资源，为公众提供一站式的服务。整合文化信息资源，实质上就是要融合、充实或类聚不同类别的传统优秀文化数字资源，使整合后形成的文化信息数字资源和服务体系效能更强大。构建整合全国性的或者区域性的文化数字资源，合理的管理体制及运行机制的构建非常重要。

当前，来自政府网站、高校、出版机构或其他商业性组织甚至诸多自媒体机构的网上传统文化数字资源十分庞大，但是对于很多共识性的问题仍有着千差万别的解读。特别是有些营利性机构在借助网络传播传统文化时存在急功近利的做法，对传统文化核心精神的解读往往会出现偏差，一些自媒体和某些别有用心的机构甚至对传统文化进行颠覆性解读，这些都迫切需要统一的部署和监管。

1. 建立文化信息服务规范体系

统一的部署和规范是当务之急，在规划编制、政策衔接、标准制定和实施等方面应加强统筹、整体设计、协调推进。一方面自上而下加大对重点文化信息工程的统筹协调，另一方面鼓励自下而上的先行先试。政府网站和高校信息共享资源由于其规范性和权威性，比较容易开展资源配置合作，应统筹推动跨部门、跨行政层级、跨区域组织体系等的信息共建共享、互联互通，解决多头管理、业务重叠、重复建设、孤岛运行、资源分散等问题，研究设计整合方案，对文化信息资源进行深度整合。对于其他自媒体和营利性机构，应加大引领和监管力度，使其向积极健康的方向发展。

2. 尊重并发挥市场在文化资源配置中的重要作用

尊重并发挥市场的作用，运用市场机制加强文化信息资源的合理配置。要围绕社会资源调动、社会分工协作、社会潜力激发等目标，通过正向引导和激励机制最大限度激发全社会参与文化信息资源整合的热情，形成以“政府主导、社会参与、多方投入、协调发展”为基本特征的现代文化信息资源整理格局。同时还要加大推动传统优秀文化资源服务社会化力度，不断拓展社会力量参与文化信息建设的广度与深度。

3. 运用数字化整合手段

运用现代网络技术提升优秀传统文化信息资源传播效能，以数字化手段连接政府部门官方资源、高校信息资源、其他规范性的地域文化资源，提高资源利用效率。整合集成各级各类数字化文化信息资源，建设云数据库，并面向全社会开展跨网络、跨终端的文化服务。积极组织有关部门和力量进行应用研究和开展试点工作，以文化信息管理数字化、服务数字化为目标，建成一批新型传统文化信息数字服务共享平台，推出一批典型、规范的文化信息服务创新应用示范项目。

（三）加强网上学术文化交流

中华优秀传统文化的网络化传播，其根本目的是充分挖掘传统文化资源，与时代精神相结合，推动社会的发展和中华文化的广泛传播。已经开通的诸如中华国学网、国学论坛、中华文化学习网、中国孔子网等国学网站为大众了解、交流、传播国学文化提供了有益的平台。民众不分年龄、性别和国籍，都可以在这样的环境中发表自己的言论，或提出问题，或解答问题。在自媒体时代，个人也可以通过自建独立的BBS、博客、微信公众号等发表自己的看法和观点，并吸引他人关注和分享，有的也能做到佳作不断、观点独到。

网络以跨区域、即时传送等特点为人们便捷地交流提供了广阔的空间。文化传播的多维度、多时空有效地促进了文化的交流。以高校学术资源为例，除了传统的面对面授课的模式，还有各类网上课堂作为补充。各类在线教育、社群等为学生和教师提供了更多学习和交流的机会，也为我国优秀传统文化的网络呈现及各类学术交流提供了无限空间。对于强化网上学术文化交流笔者有如下建议。

1. 翻译和传播中国优秀的文化研究成果，促进多区域传播

传统优秀文化走向世界，应站在世界文化和学术平等交流的立场上，推动中国文化和学术精品海外传播。可以在官方倡导的基础上，集中优势资源，在大学及各类团体中建立一批翻译中心，运用各种语言，多方位介绍优秀的中华传统文化成果；建立高水平的期刊网站等多语言网络交流中心，将优秀文化研究成果集约化翻译成各类语言，便于多国家人民了解，从而及时、有效地推进优秀学术成果的传播，增进世界对中国的了解。既要不断产出优秀的传统文化成果，还要加大优秀文化成果的传播力度，从而增强中华文明的亲和力和影响力。

2. 全力打造国际网上学术交流平台，加强多方面交流

当前，中华传统文化的国际网上学术交流已经开展得比较成熟。以我国在全世界创办的孔子学院为例，孔子学院不仅全面解读中国文化、文明的精神要义，更系统分析和阐述我国自古至今的社会、科技、文化、经济等各方面的成就和发展概况，介绍中国的发展之路。孔子学院在世界多个国家建立交流中心、传播我国传统文化的同时，学院网站的公开性和便捷性也为世界各地爱好中国传统文化的人们提供了交流学习的平台，这种走出去、带出去、线上线下多维度交流的方式为打造国际网上学术交流平台提供了借鉴。

网上学术交流平台由于具有“公共领域性”的特点，使得学术交流能获得来自方方面面的关注及意见建议，从而扩大了学术交流的听域和视野，使得学术交流更具广泛性和实践基础，这也是网上学术交流的最大优势。

参考文献

[1] 张卫良，龚珊．思想政治教育的中华优秀传统文化认同机制探究［J］．思想理论教育导刊，2016（5）：128-130.

[2] 钱广荣．论弘扬社会主义核心价值观与传承中华优秀传统文化的辩证统一关系［J］．社会主义核心价值观研究，2016（2）：21-26.

[3] 黄钊．论社会主义核心价值观同中国优秀传统文化资源的亲密关系［J］．思想政治教育研究，2015（1）：1-5.

[4] 周秀红，孔宪峰．论习近平关于中华优秀传统文化重要论述的多重视阈［J］．广西社会科学，2015（2）：175-179.

[5] 孔宪峰．中华优秀传统文化的当代价值——兼论中国共产党关于传统文化的新认识［J］．教学与研究，2015（1）：76-83.

[6] 刘萍萍，林春逸．中华优秀传统文化的发展价值及其实现路径探究［J］．广西社会科学，2015（10）：186-190.

[7] 刘永坚，张良成．数字化推动知识文化创新［N］．人民日报，2015-03-19.

[8] 党圣元．中国梦与中华优秀传统文化专家谈［N］．光明日报，2015-12-07.

[9] 施建军．加强国际文化和学术的沟通与交流［N］．中国教育报，2011-12-28.

第八章　提高青少年网络文化素质

如今，网络已成为人们生活、工作、学习必不可少的工具，它使人们的交流更快捷、日常生活更便利、信息传递更迅速。随着网络覆盖的人群逐渐增多，如何维护清朗的网络文化空间、营造良好的网络文化氛围成为网络时代发展的一个重要问题。其中，提升网民素质无疑是解决问题的关键。

一、青少年网民培养与网络强国梦

互联网时代，网民是网络社会最基本的行为主体和组成单元，网民的素质和行为对网络环境的运行秩序、网络问题的产生和互联网的发展趋势具有重要影响。因此，网络强国的一个重要内容便是提升网民尤其是青少年网民的网络文化素质。

相较于青少年网民，成年网民大多拥有自己的工作与家庭，且已具备相对稳定的世界观和价值观，其言行会受到社会道德规范和法律的制约，其自身的责任感和社会性也同样要求他们在平时的一言一行中都必须达到一个合格公民的标准。倡导守法、文明、诚信、友善的网民特质，就是要求成年网民在上网时要以这样的标准要求自己，把它们当作一个行为准则。不仅要坚守诚信，还要做到心态平和，理性对待那些哗众取宠、没有实际内容的信息，能够比较客观地表达自己的观点，对事情的评判要有理有据，等等。对于青少年网民，要通过各种形式的教育和熏陶使其具有良好的网络素质。对于成年网民的网上言行，国家可以通过法律手段进行监管，且成年网民在现代网络空间不属于最活跃人群，对网络舆论导向以及网络问题的追踪关注和影响较小。第38次《中国互联网络发展状况统计报告》显示，截止到2016年6月，在我国所有网民中，10~39岁网民数量占网民总数量的74.7%，其中20~29岁年龄段的网民占比达30.4%，10~19岁网民占比为20.1%。当今的青少年可以说是与网络一同成长起来的一代，他们是实现网络强国梦的主力军和可持续发展的关键。

2014年2月27日下午，习近平总书记主持召开中央网络安全和信息化领导小组第一次会议并发表重要讲话。他指出，网络安全和信息化是事关国家安全和国家发展、事关广大人民群众工作生活的重大战略问题，要从国际国内大势出发，总体布局，统筹各方，创新发展，努力把我国建设成为网络强国。①

习近平总书记在讲话中指出，当今世界，信息技术革命日新月异，对国际政治、经济、文化、社会、军事等领域的发展产生了深刻影响。信息化和经济全球化相互促进，互联网已经融入社会生活的方方面面，深刻改变了人们的生产和生活方式。我国正处在信息化大潮之中，受到的影响将会越来越深。我国互联网和信息化工业取得了显著的发展成就，网络走入千家万户，网民数量世界第一，我国已成为网络大国。习近平总书记还强调，网络安全和信息化对一个国家很多领域都是牵一发而动全身的，要认清我们面临的形势和任务，充分认识做好工作的重要性和紧迫性，应势而动，顺势而为。没有网络安全就没有国家安全，没有信息化就没有现代化，这就是我们要建设网络强国的原因。

今天，人类社会已进入一个信息化和网络化的时代。信息与网络共生共存，小到民众生活的一点一滴，大到国家的安全发展，无不在其中。科技发展到今天，网络水平如何、信息化发展怎样，在相当大程度上决定着一个国家能否保持稳定与繁荣，甚至关乎国家安全与危亡。

网络方便了人们的生活，但与此同时，网络也有可能给人们带来危险。对一个国家内部来说，网络谣言的兴起很可能带来社会的动乱。网络加快了信息的传递速度，但是很多信息都无法判断其真实性，一旦网络谣言传播，很可能引起群众的不满，进而影响社会正常秩序。对国家外部来说，网络是一个看不见硝烟的

① 建设网络强国是实现中国梦的重要一环［EB/OL］.（2014-02-27）［2016-10-23］. http://opinion.cntv.cn/2014/02/27/ARTI1393510735234281.shtml.

网络媒体中，传统媒体中“把关人”的作用和地位被大大削弱。尽管网络媒体的“把关人”仍然存在，但是由于互联网的开放性、自由性和丰富多彩，其作用已改变。借助网络的双向通道，任何一个接入互联网的人都可以成为信息的传播者，传播主体呈现出多元化、“草根”化、非专业化的特点。网民可以方便地从不同媒体获得相关的新闻信息，甚至通过别的网民获得信息。传播主体多元化、信息流动加速的主要结果之一就是信息把关的弱化，这已成为网络传播中一种无奈的现状。大大小小的网络节点上存在着海量的个体传播者、各种利益集团、网络新闻编辑，由谁把关，如何把关，按什么标准来把关，等等，存在诸多问题。当网民新闻的力量逐渐渗透到网络媒体，与传统媒体网站和商业网站的力量相互交织，使得传播主体多元化，对新闻传播的过程和效果产生了巨大影响，增加了网络媒体社会责任的复杂性。

相对于官方网站和大型门户网站，网络论坛和微博传播中的把关人弱化现象更为严重。官方网站是从传统的媒体机构演变而来的，是传统媒体进军网络的平台，它们大多还保留着传统媒体的严肃性和权威性。门户网站也能够尽量做到关注“媒体”属性，重视对重要的时政信息进行把关。而一些网络论坛、社区等则没有专门的信息把关人，其内容中有不少来自网民。在这样的网络空间中，传统媒体的把关模式不易存在，信息传播过程中很容易出现各种问题，如暴力和非理性语言泛滥、信息失实现象比较严重等。

正因为以上缺陷和不足，网站难以承担起相应的社会责任，使得网络腐朽文化的传播有了可乘之机。

（三）网络缺乏有效监管

除了网民和网站的原因，网络监管的缺失同样使得网络腐朽文化的传播失去约束。尼尔·巴雷特曾说过：“法律的存在能帮助预防不道德和破坏行为，法律作为道德规范的基准，使得大部分人可以在此道德范围内进行他们的活动。没有界限，就很难确保没有影响和侵犯别人的情况。”[1] 当前，我国在网络传播方面的法制还不健全，法律体系还不够完善。

---

① 陈艳．网络社会道德自律的现代价值研究［D］．兰州：兰州大学，2010.

1. 立法不健全

目前，我国网络传播方面立法的速度远远落后于网络传播的发展速度。

(1) 现行法律法规不健全、不完善，操作性差

我国现行法律法规不能匹配网络传播的发展，尚未有效建立适应网络传播的新规则，导致网络传播中存在着一些混乱和无序的现象。如《互联网站登载新闻业务管理暂行规定》第十五条规定，“违反本规定……情节严重的，撤销其从事登载新闻业务的资格”，但许多从事新闻刊载业务的网站并没有办理相关手续，上述规定根本无法遏制这些网站继续发布新闻。另外，我国现行法律法规在一些方面出现空白，如缺乏对电子证据真实性证明的具体规定。由于法律法规在许多新问题上的空白，网络传播的违法犯罪几乎没有成本。由于相关法律依据不足，公安机关的证据搜寻及破案工作存在着巨大困难，一些违法分子肆无忌惮地钻法律的空子却逍遥法外。

(2) 现有法律法规的标准低，效力有限

虽然我国制定了不少有关网络传播的法律法规，如《信息网络传播权保护条例》《互联网服务办法》《互联网电子公告服务管理规定》《新闻网站电子公告服务管理暂行办法》《互联网站登载新闻业务管理暂行规定》等[①]，但它们到目前为止还没有上升到全国人民代表大会的立法高度，其中的大部分仍停留在地方或部门的规章制度层面，并且是以单行法或单行条例的形式出现，对网络传播中各种违法言论和行为的震慑力十分有限。而《宪法》《民法通则》《刑法》等高规格法律中关于网络传播方面的规定内容非常少，且非常分散，法律法规之间的衔接相对薄弱，缺乏管理网络传播的专门法律，对网络传播的法律指导和监督作用不明显。

2. 执法难到位

不仅网络传播立法相对滞后，网络执法工作也难以到位。网络交流有明显的匿名性，交流的双方或多方往往不知道对方的真实姓名与身份。网络交流的另一个特点因匿名性而产生，即监管机制弱化甚至悬置。这意味着一般交流中的社会

---

① 刘明艳．论宪政视野下的网络言论自由［D］．武汉：湖北大学，2009.

监督和文化禁忌在网络交流中被弱化，个体在匿名中降低了自我心理防御，也摘下了人格“面具”。这使得对网络腐朽文化的监管越发困难。

（1）网络传播的监管与取证困难

网络是一个虚拟的无国界的世界，人们不需要登记就可以上网，大部分人都会采用假名甚至匿名，一些网民甚至利用技术手段隐藏自己的地址，以避免执法部门的监督。人们在信号能够到达的地方进行网络传播的时间是很随意的，可以随时上网，瞬间完成网络信息的传播，甚至几乎不留任何痕迹。同时，网络中的信息量非常大，要找出违法犯罪的证据相当于大海捞针，且网络中的信息很容易被修改或删除。这些都给执法部门的监管和取证带来了很大的困难。

（2）执法机关设置与管理存在漏洞

首先，没有一个政府部门或机构专门从事网络传播管理。目前，我国实行网络传播多部门管理，国务院管内容，信息产业部管接入，公安机关管处罚。由于各部门有其自身的业务工作，除了开展专项整治，几乎不可能同时开展常规性管理。即使开展专项整治活动齐抓共管，也可能出现你不抓我不管的情况，甚至发生状况时可能出现推卸责任的现象。其次，我国的网络警察部队力量有限，不能有力打击网络传播违法犯罪。据统计，我国上百万警察中网络警察不足千人。对网络传播中不断出现的违法犯罪行为，执法机关心有余而力不足。打击网络传播中的违法犯罪行为的成本又较高，只有在较重大的网络传播事件发生时网络警察才会真正介入。

三、抵制网络腐朽文化的有力举措

如果先进文化没有完全占领思想文化领域，落后文化、腐朽文化很可能就会趁虚而入。改造网络落后文化，努力防止网络腐朽文化滋生，并坚决抵制各种错误思想观点侵蚀网民，是发展网络先进文化的重要任务，可以采取以下举措。

（一）积极倡导“文明办网、文明上网”之风

抵制网络腐朽文化需要国家、社会等各个方面共同创建良好的环境，为净化网络环境提供外部支持。当前，营造抵制腐朽文化的外部环境主要应以文明办网、文明上网为重点，前者是针对互联网管理者来说的，后者则是针对普通网民

而言。

1. 文明办网

文明办网主要从以下几点入手。

(1) 抓好重点新闻网站的网络文明建设

要充分利用重点新闻网站的带头作用，必须做到文明办网，为其他网站做好表率。一方面，重点新闻网站要带头营造良好的文明办网网络舆论环境，带头做好文明办网的宣传报道工作；另一方面，要以实际行动带动和影响其他网站，带头落实行业自律要求，持续开展自查自纠。

(2) 依法加强互联网新闻信息服务管理工作

开展互联网新闻信息服务专项整治，查处非法互联网新闻信息服务，集中查处、清理传播腐朽文化信息的网站；开展各级网站内容自查，努力提供丰富多彩的健康内容。同时，加大综合治理力度，积极开展打击色情网站等专项整治行动，建立反垃圾邮件系统，利用技术手段减少垃圾信息量，积极净化网络空间。

(3) 积极开展“阳光·文明办网工程”各项活动

开展“文明办网”主题宣传活动，如“中国电信运营商文明办网行动”“文明办网征文”“文明办网手机文化活动”、儿童计算机表演赛、网络科普宣传教育、推广“文明邮箱”、信息无障碍论坛等。开展“中国文明网络遍神州”项目，积极推进电信基础运营商网络文明建设工作，建设“文明动力网吧联盟”，开展“文明办网”进校园的系列宣传活动等。通过种种活动净化网络空间，提升网络质量，把文明上网工程从家庭延伸到网吧、学校及青少年生活和学习的每一个空间。

(4) 大力进行教育培训，加强网站工作人员文明办网意识

各地、各网站都要开展以“文明办网”为主题的教育活动，加强对网络编辑人员、管理人员的针对性培训。网站工作人员要熟悉并遵守我国关于互联网的法律法规，倡导健康向上的网络风尚，懂得“文明办网”对提高全社会道德水平的重要意义，增强社会责任感，认识到自己在“文明办网、文明上网”活动中承担的责任和义务。

2. 文明上网

当下，网络空间肆意炒作、捏造事实、诽谤中伤、传播谣言、窃取信息等频

频发生，这些行为不仅破坏了网络空间应有的秩序，甚至会触犯现实世界的一些法律法规。每个网民都应该从自己做起，自觉遵守法律法规，以自己的实际行动抵制不文明的网络行为，积极传播网络社会正能量。

作为网络时代的高素质网民，青少年应懂法、知法和守法，这也是现代社会公民的基本素质。团中央于2001年11月启动《中国青少年网络文明公约》，建议青少年上网应遵循“五要五不要”。青少年网民应以《中国青少年网络文明公约》为基准，养成良好的网络行为习惯，做到以下几点：

1）主要利用网络学习。要使网络成为学习的工具，利用网络进行资料搜集、时事新闻获取、信息查阅等。要选择具备良好信誉的网站，选择积极向上、富有教育意义的内容，远离色情、暴力、赌博、迷信等内容。要运用马克思主义的观点、立场、方法武装自己，提高辨识能力，学会区分网络的真善美和假恶丑。[①]

2）在网络上进行友好诚实的沟通，不欺诈污辱他人。网络提供了一个广阔的空间让人们释放自己的情绪，但人们必须做到语言文明，健康聊天，同时拒绝色情、反动等不健康的交流。

3）增强自我保护意识。自我保护是指有意识的上网有节有度，注意正常而规律的生活，调整精神状态，保护自己的身心健康。

（二）大力提升网民弘扬正气的担当意识

要抵制网络腐朽文化，还应使网民的舆论监督朝着理性有序的方向发展。当前，我国网民数量已达7.31亿人，数量虽然非常庞大，但网民的素质却参差不齐。要达到舆论抵制腐朽文化的目标，就必须大力提升网民弘扬正气的担当意识。要广泛开展文明办网和文明上网活动，宣传使用文明语言。网络舆论环境应进行健康引导，使网民自觉抵制网络腐朽文化。具体可通过以下途径提升网民意识。

1. 开展公民意识教育，激发公民担当意识

网民是现实中的公民在网络社会的角色延伸，因此从本质上说，提升网民的担当意识，培育其良好的担当意识和弘扬正气的行为，最终还是要把现实社会公

---

① 郭锐．青少年网络伦理素养的培养研究［D］．郑州：中原工学院，2013.

民的意识培育作为出发点。开展公民意识教育，重点是引导公民的担当意识，培养公民的意识情感，提倡公民弘扬正气的行为。在实施公民意识教育时，还应注意发挥相关因素的共同作用。

2. 提高公民媒介素养，促进公民弘扬正气

网络上信息量巨大，其中不仅包括反映社会公共生活的真实信息，也包含诸多虚假信息，如网络谣言等。网民弘扬正气意识得以激发的基本条件是接触一定的公共生活信息，而影响其弘扬正气行为是否合理的重要因素则是信息的准确性、真实性。因此，提升公民的媒介素养，特别是公民的信息素养，使公民在网络社会中成为清醒的媒体用户、信息的接受者和传播者，不仅能使网络公民更好地了解公共生活的实际情况，也能使网络弘扬正气的行为得到合理实现。

3. 营造网络法治环境，推进公民弘扬正气

网民责任的履行不仅需要依靠其自身的意识觉醒与自觉行动，也需要国家、社会等各个方面共同创建良好的环境，为网民弘扬正气行为的实现提供外部支持。当前，营造公民意识担当的外部环境，应重点建设网络法治环境，推进公民社会构建。

（三）切实发挥网站过滤引导的管理职能

相比传统媒体，网络传播速度快、内容杂、容量大，必须进行信息整合并把关。网站要发挥过滤引导的主体作用，传播正面信息，助力推动社会向着最有利于广大人民群众的方向发展。

1. 网络管理“过滤”作用的主要着力点

要发挥好网络管理的过滤作用，需要注意以下着力点。

(1) 网站定位

由于网页数量不断增加，且包含了许多复杂多样的信息，给网民辨别和选择信息带来很多麻烦，这就需要网站根据自身定位提供信息。上海“东方网”对新闻稿件的选择就十分严格，并提出了十个“不可用原则”。在稿件内容符合国

家关于网络内容发布的相关法律法规条件下，网站在选择信息时既要考虑网站的类型、定位、价值取向，又要参照网络信息的价值判断标准，还要考虑网民的需求，注意信息的地域性和接近性、实用性和服务性，做到将中国新闻本地化、世界新闻中国化，提高信息与网民的相关性。

（2）信源渠道

对信息的筛选要确保信源渠道的权威性、来源的多样性及来源之间的相互印证。一些网络媒体存在信息筛选马虎的情况。如2010年7月13日，《甘肃日报》电子版有一则“西安市已被确定为国家第五个直辖市”的消息。这样重大的新闻是怎么来的呢？原来是一名记者在某论坛采访时从某演讲者那里道听途说，对演讲者的演讲内容进行了错误的理解，加上审稿不严，这则新闻就这样出现了，之后在社会上产生了误导，造成了不良影响。仅凭一个专家的演讲，没有官方文件，没有权威新闻源，而且未经核实便仓促发表，难免会出错。网络时代，网站应考虑从传统的信息提供者转型为信息管理者，提高网站内容的专业性、可信性，从而赢得网民对网站的信赖。

2. 网络管理“引导”作用的主要着力点

互联网日益成为各种利益诉求的中心地和民意表达的重要场合，而当前我国正处于社会急剧转型期，各种矛盾叠加，在这种情况下网站应该用怎样的思路引导网民？用怎样的传播影响网民？要自觉坚持建设性的立场，尽量组织有效的社会对话，有效缓解情绪，避免矛盾激化，消除思想鸿沟，建立社会互信，促进公平正义，实现社会的和谐稳定。

（1）要见事在先

网络的快速发展使少数唯恐天下不乱的人有了可乘之机。他们或利用有些新闻做反面文章，或凭空杜撰新闻，故意扩大社会的裂痕，企图引起社会动乱。网络信息泛滥，网站需要足够的选择能力、整合能力和预见能力。

网络编辑要有前瞻性思维，对信息资源进行动态化分析，以多角度、多层次、个性化的方式过滤整合信息，从而提供更系统、更专业、更有序的信息服务。同时，要从立足信息发布权过渡到掌握信息解释权。网络上诉求众多，网站应当预见性地评判舆情，适时干预引导，科学呈现事实真相，掌握舆论引导的主动权。

(2) 要明事在理

网站要“趋利避害”。对网络传播来说，利是什么？就是主动报道社会发展的主要趋势，负责任地展现社会走向。害是什么？就是狭隘、自私、不计后果、不负责任的“自由言论”。网站要转变为舆论平衡者，善于听取各种意见，注意从多个角度呈现事物，促进网民理性判断并有效参与公共事务。

网站要切实发挥过滤引导的作用，立足于传播真实而美好的一面，保持网络空间干净清朗。

(四) 有效发挥法规治理管控的调节作用

2013 年 8 月 19 日，习近平总书记指出：“要依法加强网络社会管理，确保互联网客观可控，使我们的网络空间清朗起来。做这项工作不容易，但再难也要做。”① 治理网络腐朽文化需要发挥法规的治理管控作用，在这个过程中有以下几个问题需要重点关注。

1. 在行业自律方面

行业自律是治理网络腐朽文化的前提。如何做好行业自律？

(1) 健全自律公约违约惩戒机制

根据《中国互联网行业自律公约》的规定，对违反公约、造成不良影响的成员单位的惩罚，仅仅是在公约成员单位内部进行公开通报或取消其公约成员资格。当前，公约的成员单位及其违约情况都没有向全社会公布，使得加入和违反公约对网站的声誉几乎没有任何影响，没有约束力的公约相当于一纸空文。要保障行业自律公约效力的实现，就必须建立健全违约惩戒机制，其首要任务即建立公约签署和违反的公开通报制度。

(2) 大力推广“违法和不良信息举报中心”

要大力推广“违法和不良信息举报中心”。可以从两方面开展工作：一是组织协会成员专题报道“违法和不良信息举报中心”；二是要求协会成员在网上设置举报链接。

在大力推广举报中心的同时还应优化举报的流程。例如，根据现有的举报流

---

① 中央文献研究室．习近平关于全面深化改革论述摘编［M］．北京：中央文献出版社，2014：84.

程，在被举报网站已被执法部门和行政机关处理或整改之后，举报中心才对举报人进行反馈。举报和反馈的时间间隔太长，会给人举报无效或工作效率低下的感觉。举报中心应该在审核之后及时反馈。

2. 在法规治理方面

在互联网应用的发展过程中不断产生新的矛盾和问题，为了解决这些矛盾和问题，很多政府部门参与了对自己管辖范围内网络的管理，并订立了相应的法律和法规，如国家食品和药品监督管理局制定了《互联网药品信息服务管理办法》，银监会制定了规范网上银行业务的《网上银行业务管理暂行办法》。虽然这一立法模式确保了法规的专业性，但由于各部门间缺乏协商，对同一种情况不同部门规定不同，有的甚至相互冲突。此外，互联网新领域层出不穷，对于新领域的管辖权不同部门之间有时也会存在纠纷。这就要求设立相应的机构，专门统一调控和管理互联网的立法和管理。

还要完善制定和实施法规的程序。由于在制定和实施互联网相关法律法规时存在不少弊端，目前我国法律法规的公正客观性并没有得到良好的体现。要改变这一现象，可以从两个方面入手。一是建立独立的法律、法规制定机构。我国有关互联网治理的法规目前几乎都由其执行部门制订，这种既当运动员又当裁判员的模式使现行法规缺乏公正性和客观性。要改变这种现象，应建立专门的互联网法律、法规制定机构，该机构独立于管理部门之外。二是加强分析调查工作。任何法律、法规的制定都应以科学的分析和调查为基础。充分的分析和调查可以有效地减少偏差的可能性，使法律和法规的实施产生良好的效果。法律法规的调查分析主要包括三个方面：一是对互联网应用现状的调查；二是对现有相关法律法规的调查；三是对法律法规管理对象的调查。在充分调查的基础上进行科学的分析，才能制定出公平、有效的法规。

3. 在行政监督方面

目前行政监督的主要问题是缺乏对网络舆情的引导。网络舆情产生真实的影响有一个过程，实际上就是互联网群体的两极分化过程。其主要原因是网络群体在讨论时没有接受多样化的意见，限制了群体的视野，使群体走向极端。要解决这个问题，最有效的手段就是直接参与到网民的讨论过程中，发表不同的观点，开拓网络讨论的视野。当前，很多地方政府已付诸行动并取得了良好效果。例如在济源“铅中毒”事件中，济源市政府组织网络评论员在各大论坛上的相关帖子中评论、跟帖，积极参与网络讨论，并在论坛和热点网站上刊发客观和正面的文章，宣传日常防护知识，引导、梳理网民情绪，把大量网民引导到对问题的辩证分析上来。

要大力发展网络先进文化，传播健康有益的文化，就要坚决抵制网络腐朽文化。全社会应积极倡导文明办网、上网之风，大力提升网民弘扬正气的意识，切实发挥网站的过滤引导职能，有效发挥法规的治理调节作用，抵制网络腐朽文化的传播。

参考文献

[1] 李臻．论“三俗”文化的理性反思［D］．济南：山东师范大学，2012.
[2] 闫树茂．论继续肃清封建主义残余思想与加强党的建设［D］．乌鲁木齐：新疆师范大学，2009.
[3] 马麟．网络时代的文化管理问题［J］．企业改革与管理，2016（7）：169.
[4] 喻国明．全媒体时代网民心理疏导机制［J］．人民论坛，2015（11）：65－67.
[5] 李维安，林润辉，范建红．网络治理研究前沿与述评［J］．南开管理评论，2014（5）：42－53.
[6] 姚源．我国互联网治理研究［D］．武汉：华中师范大学，2012.
[7] 符莹．高校网络舆情疏导与治理体制研究［J］．才智，2016（3）：25.
[8] 陈边，等．做负责任的网络把关人［J］．新闻前哨，2011（8）：86－88.
[9] 郑少春．网络传播与网络管理探析［J］．中共福建省委党校学报，2009（11）：106－114.
[10] 刘恩东．新加坡网络监管与治理的组织机制［J］．党政视野，2016（10）：72.
[11] 王丽娜．论新媒体时代的网络专项治理转型［J］．新闻研究导刊，2016（18）：85－86.
[12] 陈凌云．当前我国大众传媒低俗化现象对未成年人的影响及对策思考［D］．武汉：华中师范大学，2008.
[13] 欧阳麒．我国网络传播社会责任缺失研究［D］．长沙：中南大学，2012.
[14] 徐静．网络媒体社会责任缺失及其对策研究［D］．石家庄：河北经贸大学，2013.

第七章　继承优秀传统文化基因

文化是民族的血脉，是人们的精神家园。五千年中华文明孕育了光辉灿烂、博大精深的中华文化，这也是中华民族生生不息、绵延发展的不竭动力。

在中华民族五千年的历史长河中，以儒、释、道为代表的中华优秀传统文化是中国文化的重要组成部分，经过数千年的积淀和发展，其以丰富灿烂且博大精深的特点深深地融入中华民族的血脉之中，成为中华民族共同的精神记忆和中华文明特有的文化基因。

网络先进文化植根于中华优秀传统文化，与优秀传统文化有着深厚的历史渊源。要着力推进网络先进文化，继承优秀传统文化基因，首先要加强对中华优秀传统文化的挖掘和阐发，给网络先进文化以积极引导。其次，要努力发掘中华优秀传统文化资源，实现中华优秀传统文化的创造性转化与发展，以适应网络先进文化快速发展的需要。再次，促进中华优秀传统文化的网络呈现，要进一步实现优秀作品数字化、网络化传播，并加快文化信息资源整合，加强网上学术文化交流等，为网络先进文化的发展提供技术支撑和发展平台。只有上述一系列举措并重，才能积极有效地继承优秀传统文化基因，更好更快地实现网络先进文化的健康发展。

一、网络先进文化植根于中华优秀传统文化

我国网络先进文化具有以马克思主义为指导思想、以中国优秀传统文化为主

要内容并借鉴西方文化积极成果等特征。优秀传统文化和先进网络文化是源头活水的关系。一方面，中华优秀传统文化借助网络文化的大众性、便捷性等特点得以声名远播；另一方面，网络先进文化又植根于优秀传统文化，汲取营养并不断发展。

（一）中华优秀传统文化是中华民族的突出优势

习近平总书记在2013年8月19日全国宣传思想工作会议上指出：“中华优秀传统文化是中华民族的突出优势，是我们最深厚的文化软实力”，“中华文化积淀着中华民族最深沉的精神追求，是中华民族生生不息、发展壮大的丰厚滋养。”这一系列论述明确地定格了中华优秀传统文化的重要地位和积极作用。

中华民族在长期的社会生活实践中、在与各民族不断地交融与碰撞中逐步形成了以天下为一统的家国意识、人伦自然和谐的社会观念、兼容并包的文化风气及勤俭耐劳的民族品性等为主要特征的中华优秀传统文化。中华优秀传统文化内涵丰富、博大精深，其精神价值核心以儒释道文化为代表。

究其原因，不仅是因为儒释道文化具备了上述“传统”形成的时间条件和“文化”形成的质量要素，更重要的是儒释道文化具备“优秀传统”内涵的两个必要条件——获得历朝历代官方的一致倡导和广大人民群众的认可、吸收及追随。优秀的传统文化必然是合法的、有引领作用的文化，是官方和广大人民都欣然接受的主流文化。

在儒释道三家思想中，儒家思想最早被确定为主流思想，且在两千多年的历史长河中一直处于主导地位。其核心内容“内圣外王”的总论述及“仁、义、礼、智、信、恕、忠、孝、悌”等核心思想对中华民族文化特点及人民的性格特质、价值取向的形成起着根本性作用。“内圣外王”是儒家思想总的概括。“内圣”在《大学》中被论述为“格物、致知、诚意、正心、修身”，也就是通过自身的修养成为圣贤的一门学问；“外王”在《大学》中被论述为“齐家、治国、平天下”，是在内心修养达到完善至臻的基础上通过社会活动推行王道，创造出和谐美好的大同社会的一种学说。“内圣外王”皆以“仁、义、礼、智、信、恕、忠、孝、悌”为根本指针。

儒家文化逐渐发展，形成了一系列积极有效地维护社会稳定和人民生活的学说，如儒家思想中的“五伦、五常、四维、八德”，这些是从人际到人与社会及人与自然之间如何有效相处的学说。“五伦”指的是五种人际关系，即父子有亲、君臣有义、夫妇有别、长幼有序、朋友有信。“五常”是指五种永常存在的人伦大道，即“仁、义、礼、智、信”，它主导着人们的基本价值取向。“四维”就是“礼、义、廉、耻”。南宋理学家朱熹曾把“八德”总结为“孝、悌、忠、信、礼、义、廉、耻”。到了民国时代，孙中山先生则把“八德”总结为“忠、孝、仁、爱、信、义、和、平”。不难看出，这些内容就是今天仍在倡导的“仁爱和平、礼义廉耻、孝悌忠信”。这些精华思想为中华民族的生存与繁衍提供了巨大的心灵支撑及强大的内在动力，在中华民族五千年文明史上发挥了重要作用，其突出优势表现在以下两个方面。

1. 倡导积极向上且连续稳定的价值理念

不同的时代有其时代精神及对应的价值理念。春秋时期百家争鸣，道家倡导“无为”，墨家主张“非攻”，儒家讲“仁义礼智信”、提倡周礼。当时虽然各家倡导不同，没有形成大一统的治世学说，却为后世确立了良好的革新传统。孔子倡导“三军可以夺帅，匹夫不可以夺志”的人生价值观；孟子提出“富贵不能淫，贫贱不能移，威武不能屈”，弘扬做人要有浩然正气，崇尚民族气节；《周易》的“天行健，君子以自强不息”引领人们注重不懈奋斗的精神；范仲淹“先天下之忧而忧，后天下之乐而乐”的忧患意识、顾炎武“国家兴亡，匹夫有责”的深沉爱国主义情怀、张载“为天地立心，为生民立命，为往圣继绝学，为万世开太平”的责任担当意识，等等，都倡导了积极向上的价值理念。正如习近平总书记2014年5月4日在北京大学师生座谈会上的讲话中所说：“这些思想和理念，不论过去还是现在，都有其鲜明的民族特色，都有其永不褪色的时代价值。这些思想和理念既随着时间推移和时代变迁而不断与时俱进，又有其自身的连续性和稳定性。”

2. 中华优秀传统文化蕴含大智慧

中华优秀传统文化蕴含着使华夏民族身心和谐、家庭和谐、社会和谐、人与自然和谐共处的大智慧，有着一整套关于“修身、齐家、治国、平天下”的主张，有效调和了个人、家国及自然的和谐共处关系，中华民族得以延续和繁荣的根本就在于此。而与之对应，西方外来文化包含的极端个人主义、自私、斗争、战争的价值观和纵欲享受的人生观严重影响社会和谐发展及国民素质的提升，是产生当今社会一些乱象的重要原因。在西方价值观念的冲击，一些人信仰缺失、道德失范、人生价值观扭曲，物质富足却精神焦虑，处于“忙、盲、茫”的生活状态，生活幸福指数不高。一系列现象证明，西方外来文化不仅不能解决人们的思想问题和现实矛盾，盲目崇尚反而会加剧国民乱象和矛盾。有识之士已充分认识到中华优秀传统文化对解决我国当前面临的社会矛盾、增强国家软实力、构建和谐社会、实现民族复兴具有重大意义。在社会各界的倡导下，越来越多的人意识到重视和发扬中华优秀传统文化的精华智慧是家国富强、人民幸福的关键所在。

（二）中华优秀传统文化是网络先进文化的深厚历史渊源

一个国家和民族文化的持续发展和繁荣离不开既有的文化传统，而优秀的文化传统在文化传承、变革和创新中起到了根基的作用。中华民族五千年创造的光辉灿烂、举世瞩目的文化正是在文化传统上的不断发展进步，凝聚了中华民族的精神血脉，对世界文明发展做出了重大贡献。

纵观我国历代文化的发展演进，无一不是在既有的文化基础上进行的发展和演变，才使得中华文明几千年来不断发展。自汉代始，官方实行大一统的儒家学说。到魏晋南北朝时期，中华文化的发展趋于复杂化，儒家学说不仅没有中断，反而有较大发展，表现出更加旺盛的生命力。就魏晋南北朝的学术思潮来说，当时的知识分子不满足于把儒学凝固化、教条化和神学化，提出有无、体用、本末等哲学概念来论证儒家学说的合理性。

隋唐时期是文化、经济多方面繁荣鼎盛的时代。国家在文化领域采取开放政策，不仅大量吸收外域的多样文化，而且将我国繁荣发达的传统文化传播到世界各地。在此时期，不仅传统儒学文化得到了整理和进一步发展，道教文化也有了新的发展。文化政策上的相对开明使这一时期的科学技术、天文历算进步突出，文学艺术百花齐放、绚丽多彩，诗、词、散文、传奇小说、变文、音乐、舞蹈、书法、绘画、雕塑等都取得巨大成就，并深刻影响着世界各国与后世。

宋元时期，文化得到进一步发展。儒家学说在宋代得到了空前的复兴，达到繁盛。在佛、道双重思想的影响下，诞生了新的儒学思想——理学，代表人物为“北宋五子”（周敦颐、邵雍、张载、程颢、程颐）、朱熹和陆九渊。经过“二程”与朱熹的发展，理学发展成为一套完整的哲学体系，南宋末年成为官方哲学。到了元代，理学家大多舍弃两派所短而综汇所长，最后“合会朱陆”，成为元代理学的重要特点。

明清时期，我国文化思想随着时代的演进进一步革新。一些进步文人在思想上批判地继承传统儒学，努力构筑具有时代特色的新思想体系。黄宗羲批判旧儒学“君为臣纲”的思想，继承先秦儒家的民本思想，提出“天下为主，君为客”的新命题。顾炎武批判道学脱离实际的学风，主张发挥孔子的“博学于文，行己有耻”的积极思想，提倡走出门户，到实践中求真知。王夫之批判理学先前宣扬的“天命论”和“生知论”，建立了超越前人的唯物主义体系。这些主张在一定意义上具有解放思想的历史进步性，对当时的社会发展无疑是有进步意义的。

中华民国时期，人们对先进文化尤其是民主和科学的追求从未停歇，以此为宗旨的思潮和运动接连不断。“五四”新文化运动率先举起这两面大旗，之后追求科学、民主的思潮和运动继续发展，显示出了我国文化思想运动发展的螺旋式上升。

产生于当代的网络先进文化与优秀传统文化之间有着深厚的内在联系。网络先进文化以中华传统文化为主要内容，生发于源远流长的中华优秀传统文化。中华优秀传统文化作为中华民族的思想根基，蕴含着以爱国主义为核心的团结统一、爱好和平、勤劳勇敢、自强不息的民族精神，是伴随着中华民族的发展而逐步形成的，不仅滋养网络先进文化，也必将伴随着网络先进文化的发展而不断延续并彰显其旺盛的生命力、高度的凝聚力和伟大的创造力，成为中华民族伟大复兴的生命之源、动力之源。

二、加强对中华优秀传统文化的挖掘和阐发

中华文化历来是包容性很强的文化，它兼收并蓄、博采众长，善于从外来文化中汲取营养，充实、滋养、发展自己。

习近平总书记在2013年9月26日会见第四届全国道德模范及提名奖获得者时的讲话中指出：“中华文明源远流长，孕育了中华民族的宝贵精神品格，培育了中国人民的崇高价值追求。自强不息、厚德载物的思想支撑着中华民族生生不息、薪火相传，今天依然是我们推进改革开放和社会主义现代化建设的强大精神

力量。”加强对优秀传统文化的挖掘和阐发，是目前我国网络先进文化建设的重要内容。

（一）发掘中华优秀传统文化资源，寻找共同的价值理念

中华优秀传统文化蕴含着丰富的思想内涵，在华夏儿女长期的生活和生产实践中形成了优良的传统美德，这是中华优秀传统文化的重要内容。习近平总书记在2014年2月2日中共中央的政治局第十三次集体学习的讲话中指出：“中华传统美德是中华文化精髓，蕴含着丰富的思想道德资源。不忘本来才能开辟未来，善于继承才能更好创新。”中华传统美德在当今社会发展中仍有继往开来、跨越古今的借鉴价值。

中华传统文化的内容庞大而深厚，其所蕴含的仁爱、和谐、生态、人文、持续发展等价值观念符合整个人类文明发展的潮流，反映了人类共同的价值追求，对人类社会持续发展具有积极的借鉴意义。中华传统文化为正确处理人与人、人与自然以及人与自身心灵之间的关系提供了可汲取和借鉴的智慧资源，对补救西方现代价值观偏颇、克服当代全球性问题与危机具有重要意义。

当今社会人口问题、资源问题、环境问题等全球性问题越加凸显，以计算机技术为主导的科学技术水平的提高为全球化进程提供了技术支持和历史可能，推动了区域性多边交流和多国交流。全球化的交流过程不仅存在于经济、政治等方面，也存在于文化方面，或最终体现在文化的交流，从而推动全球共同价值理念的形成。

近代学者钱穆认为，只有中国文化能发展成为一个具备共同价值理念的文化系统，西方文化太注重个人的自由，不利于发展共同价值理念。他说：“然此只有中国文化之潜在精神可以觊望及此。”虽然他的说法有偏颇之嫌，但也指出了西方文化现代价值观的不足之处，即过于强调个人主义、功利主义及工具理性主义等方面的价值，将不可避免地产生利己主义。功利主义追求个人私欲的无限满足，崇尚个人享受，这种潜在的心理追求在当今社会尤其是网络化呈现后很有可能会演变为追逐物质主义和消费主义。中国传统文化中的传统道德与精神价值的核心，如“仁”“和”“公”“诚”等思想有利于矫正西方文化中可能产生的诸多偏颇，或为矫正这些问题指明了道路和方向。

中华优秀传统文化是中华文化的精髓，对现代社会的发展与和谐社会的建设

社会科学版)，2010（12）：22－23.

［19］王凡．青少年网络人格培育中的动力结构分析［D］．长沙：中南大学，2013.

［20］黄丽云．网络文化对青少年心理健康的影响及其对策研究［D］．武汉：华中师范大学，2005.

［21］宫亚峰．青少年是维护网络安全的生力军［EB/OL］．（2016－09－23）［2016－10－23］．http：//www. cac. gov. cn/2016－09/23/c_ 1119613742. htm.

第九章　深化网络文化理论研究

在如今的信息时代，网络文化影响巨大，实践形式丰富多样，需要从理论上加以研究提炼，形成网络文化独立的理论体系。网络文化理论研究就是把对网络文化的认识从感性阶段上升到理性阶段，把握网络文化的历史和现状，探索网络文化的特点和规律，分析网络文化建设的思想观点和价值判断，科学预测网络文化的发展趋势。深化网络文化理论研究能够更好地指导网络文化实践活动，不断增强人们投身网络文化建设的自觉性。深化网络文化理论研究需要立足我国网络文化实际，在提炼我国现有的网络文化资源和借鉴西方网络文化经验的基础上积极创新，力求突破，构建中国特色的网络文化理论体系，并加速网络文化理论成果向网络文化实践的转化。

一、认识网络文化理论的先导作用

马克思主义认识论告诉我们，理论来源于实践，并对实践具有指导作用。同理，网络文化理论来源于网络文化实践，并对网络文化实践具有指导作用。深化网络文化理论研究，必须认识到网络文化理论的先导作用。网络文化的理论研究可以扩大网络文化的认识视野，反映网络文化的内在特质，开拓网络文化的研究领域，丰富网络文化的研究内容，优化网络文化的体系结构，提升网络文化的实践功能，推动网络文化的创新发展。

（一）网络文化理论指导网络文化实践

科学理论具有科学性、系统性、预测性和前瞻性。没有科学理论指导的实践是盲目的实践。网络文化实践要科学发展、富有成效，从根本上说需要依靠网络文化理论的指导，因此网络文化理论研究工作一定要走在前面。

1. 网络文化理论是引领和指导网络文化实践的灵魂

作为网络文化实践的精神之源、观念指导和行动引擎，网络文化理论从深层次上引导、支配、规定和制约着网络文化实践的方向、方式和内容。开展网络文化理论研究，科学构建先进、系统的网络文化理论体系，有利于指导网络文化实践活动，增强网络文化实践的预见性、主动性，提高网络文化实践的自觉性、有效性，使网络文化实践走上自觉自为和理论指导的科学轨道。

在探索网络时代的新发展、新观点、新规律的基础上形成的网络文化理论可以为我国网络文化建设提供强有力的理论支持。网络文化理论是网络文化实践的行动指南，可以更好地武装广大网民的头脑，使广大网民掌握网络文化实践的方法和途径，保证网络文化实践不断向前发展。

2. 网络文化理论是推动网络文化实践科学发展的内在动力

网络文化理论是随着网络文化实践的变化而发展的。一般来说，网络文化实践的发展变化总是迅速而超前的，相应地，由此引起的网络文化理论的变迁则是缓慢和滞后的。越是社会发展的快速变革时期，网络文化实践对网络文化理论的需求越是强烈，越是需要网络文化理论的引领和指导。如果网络文化理论与网络文化实践不匹配，就可能阻碍网络强国战略的实施步伐。

网络文化理论具有理论认知功能，能够在理论上为网络文化实践提供支撑，使网络文化实践前进有方向、目标更明确。网络文化理论是集体创造的精神财富，当它仅仅被少数人理解和掌握时，其影响和作用必然难以得到充分体现。只有借助网络文化理论的强大力量指导网络文化实践，把网络文化理论内化为广大群众的行为方式、感知方式、思维模式和价值观，才能实现我国网络文化理论的创新，这也是实现网络强国战略的有效途径之一。

（二）网络文化理论推动构建中国特色网络文化

网络文化不应该也不可能是全球绝对统一的文化，超民族的网络文化是不存在的。越是具有民族国家内涵的网络文化才越是真正的网络文化。作为目前世界第二大经济体的我国，要构建具有中国特色的网络文化。

1. 必须构建中国特色网络文化

在互联网世界，我国面临着英语文化势力的渗透和挑战。语言、文字是一个民族、一个国家存在的文化标志，也是一个民族、一个国家生存的文化根基。互联网源于美国，所使用的语言、技术都来自美国。互联网上的英文信息占80%以上，英语文化势力成为网络文化的主体。互联网上的文化输出和信息垃圾甚至意识形态的颠覆等问题时有显现。这就要求我们在网络文化建设中必须把握网络文化的正确方向，构建具有中国特色的网络文化。

2. 网络文化理论指导中国特色网络文化构建

网络文化理论如建造大厦的设计图纸，可以勾画出中国特色网络文化的宏伟蓝图，推动中国特色网络文化的构建进程。网络文化理论研究只有与网络文化实践紧密结合，才会获得有价值的成果。当前，要围绕构建中国特色网络文化实践中遇到的一些迫切需要解决的现实问题，进行系统的分析、研究、探索，从理论上作出正确的阐述，厘清人们思想中的模糊观念，正确地指导网络文化实践。

中国特色的网络文化是基于我国网络空间，源于我国网络实践，传承中华民族传统文化，吸收世界网络文化优秀成果，面向大众、服务人民，具有中国气派、体现时代精神的网络文化。① 构建中国特色网络文化可以从以下几个方面着手。

（1）加强中国特色的网站建设

网站是宣传政治思想、传播意识形态的重要阵地，是对网民进行社会主义和爱国主义教育强有力的手段，是抵御西方文化侵略的强大武器。建设中国特色网站，要立足当前、着眼未来，要从思想上、技术上、行动上做到安全、先进、有

---

① 卢佳. 中国特色网络文化建设的发展历程及现实思考［G］//中共中央文献研究室科研管理部. 中共中央文献研究室个人课题成果集（2012 年）. 北京：中央文献出版社，2012：1050.

特色。要在国家层面规划好文化类网站的建设工作，设立阶段性目标，建设一批在世界上有影响、辐射力强的大型文化网站。针对不同层次、不同兴趣的群体，建设细分的、专业性强的中小型文化类网站。同时，提高对国外人群的吸引力和影响力，让世界了解中国，让中国走向世界。建立各级政府网站和各类企业网站，做到政务公开和企业承诺公开，增强网民参与监督的力度，帮助政府和企业树立起良好的形象。

（2）加强对网络文化产品的监管力度

构建中国特色网络文化，归根结底是要推出有中国特色的网络文化产品。中国特色的网络文化产品应该是源于人民、服务人民、宣传爱国主义、倡导社会和谐理念的积极健康的网络文化产品。要全力做好政治、经济、文化等领域网站的过滤，形成坚固的防御盾牌，抵御损害国家和民族利益、腐蚀人们精神灵魂等破坏性信息的侵袭，力争做到从源头上杜绝低劣、灰色、有悖于社会主义核心价值观的网络文化产品出现和传播，营造积极向上的网络氛围。

（3）加强网民的伦理道德和法制教育

网民是网络文化的主体和直接受众，也是网络文化产品的制造者和消费者，他们的伦理道德和法律素养决定了中国特色网络文化的水平和层次。当前，由网络引发的社会问题越来越多，网络违法犯罪屡见不鲜，知识产权和个人隐私在网上受到严重的侵犯。加强网民的法律和伦理道德教育，就是从根本上解决中国特色网络文化的建设和管理问题。网民的道德意识和法制观念增强了，中国特色网络文化的建设和管理问题也就从根本上得到了解决。

二、提炼我国现有的网络文化资源

自从有了网络就有了网络文化。经过 20 多年的发展，我国已经积累了十分丰富的网络文化资源。这些资源是理论研究的原矿石，经过认真分析提炼可以丰富和深化网络文化理论研究。

（一）挖掘丰富多彩的网络文化资源

我国的网络文化资源丰富多彩，可以分为以下几种类型。

1. 网络思想资源

网络思想资源是指党和国家领导人着眼全局，从战略高度提出的关于网络发展和网络文化的思想。近年来，网络文化逐渐受到党和国家的关注。2002 年党的十六大提出“互联网站要成为传播先进文化的重要阵地”。2007 年 1 月 23 日，在中共中央政治局第三十八次集体学习中，胡锦涛同志提出“大力发展和传播健康向上的网络文化”，并强调指出“能否积极利用和有效管理互联网，能否真正使互联网成为传播社会主义先进文化的新途径、公共文化服务的新平台、人们健康精神文化生活的新空间，关系到社会主义文化事业和文化产业的健康发展，关系到国家文化信息安全和国家长治久安，关系到中国特色社会主义事业的全局”。[①] 2012 年党的十八大提出，“加强和改进网络内容建设，唱响主旋律”。2013 年党的十八届三中全会更具体地提出“坚持积极利用、科学发展、依法管理、确保安全的方针，加大依法管理网络力度，完善互联网管理领导体制”。2014 年 2 月 27 日，习近平总书记在中央网络安全和信息化领导小组第一次会议上提出，“从国际国内大势出发，总体布局，统筹各方，创新发展，努力把我国建设成为网络强国”，还指出“没有网络安全就没有国家安全，没有信息化就没有现代化”。2016 年 4 月 19 日，习近平总书记在网络安全和信息化工作座谈会上说：“推进网络强国建设，推动我国网信事业发展，让互联网更好造福国家和人民。”由此，网络强国已经上升为国家战略。

党和国家关于中国特色网络文化的一系列战略思想既深刻地揭示、顺应了网络文化的发展潮流，又指明了网络文化建设的前进方向，提出了明确要求，高屋建瓴，指导性强，是网络文化理论研究的宝贵资源。

2. 网络产品资源

网络产品资源是指种类繁多的网络文化产品，既包括网民利用网络传播的各种原创的文化产品，如文章、图片、视频、动画等，也包括一些组织或商业机构利用网络传播的文化产品。我国注重把博大精深的中华文化作为网络文化的重要

① 胡锦涛．能否积极利用有效管理互联网关乎全局［EB/OL］．（2007 - 01 - 24）［2016 - 10 - 25］．http：//www. sina. com. cn/c/2007 - 01 - 24/193511078982s. shtml.

源泉，推动中国优秀文化产品的数字化、网络化，积极推动优秀传统文化资源和当代文化精品的网络化传播，网上图书馆、网上博物馆、网上展览馆、网上剧场大量上线。以网络游戏、网络动漫、网络文学、网络音乐和网络影视为代表的网络文化产业迅速崛起，呈现快速发展的态势。一批具有中国气派、中国风格、品位高雅的网络文化品牌和产品不断涌现，它们的影响力、市场占有率不断提高。

这些网络文化产品内容丰富、形式多样、层出不穷、各具特色，不断满足了广大网民多样化、个性化的文化信息需求和精神文化需要，是网络文化理论研究的又一宝贵资源，值得认真挖掘和分析。

3. 网络法规资源

网络法规资源是指规范网络使用和管理的各种法律制度。目前，我国互联网相关的法规已基本形成专门立法和其他法规相结合、层次多、覆盖领域广的法规体系，在实践中发挥了重要作用。网络法规既有国家法规，如《中国计算机信息网络国际联网管理暂行规定》《维护互联网安全的决定》等，也有地方法规，如北京市的《网络广告管理暂行办法》、河南省的《计算机信息系统安全保护暂行办法》等，还有部门法规，如《信息网络传播权保护条例》《通信网络安全防护管理办法》等，更有行业自律公约，如《中国互联网行业自律公约》等。法律法规内容涉及网络管理、网络安全、域名管理等。最高人民法院、最高人民检察院出台了《关于办理利用互联网、移动通讯终端、声讯台制作、复制、出版、贩卖、传播淫秽电子信息刑事案件具体应用法律若干问题的解释》等司法解释条文，为层出不穷的互联网管理工作提供了依法管理的法律依据。但我国现有的互联网法规还存在层级较低、操作性不强、对网络行为主体权责规定不明确等问题，与网络管理执法工作实际需要不相适应。

网络无疆，自由有度。网络法规一方面要保障网民的基本权利，另一方面要规范网络秩序，消除网络的负面影响。无论是已经颁布的网络法规，还是需要修订和创设的网络法规，都是网络文化理论研究的重要资源和对象。

4. 网络平台资源

网络平台资源是网络文化赖以产生和存在的物质条件和重要载体。网络平台日益成为党和国家路线、方针、政策的重要宣传推广渠道。我国正在逐步形成以大型重点新闻网站为主体，各级政府机构网站、知名商业网站和各类专业网站积极参与、多层次全方位的网络平台体系。其中，重点新闻类网站以人民网、新华网、环球网、中国网络电视台等为代表，是我国重要的网络舆论阵地。政府网站从中央政府到省级政府，从地市级政府到县级政府，已经日益成为政府政务信息公开的第一平台，公民参与国家政治的程度有了大幅度质的提高。商业网站是网络中最活跃的部分，正积极进行网络文化产品和服务的研发与服务。专业网站涉及文学、艺术、教育、社科、科技等各个领域，影响力不断扩大，成为满足网民日益多样化的精神文化需求的主要网络媒体渠道。

网络平台的存在和发展是网络文化的重要支撑。网络文化理论需要对网络平台资源进行深入研究，发挥网络平台应有的作用。

（二）提炼网络文化资源的理论内涵

我国现有的网络文化资源是宝贵的财富，值得我们认真总结、科学提炼。开展网络文化理论研究，要注意从已有的网络文化资源中提炼出理论内涵，形成有益于我国网络文化发展的理论成果。

1. 提炼网络文化资源的方式

对网络文化资源进行研究，通常可以采用虚拟与现实相结合、理论探索与实证考察相结合的方式。

（1）虚拟与现实相结合的方式

这是指在掌握已有的网络文化资源的基础上，在对网络文化的内涵及概念进行总结的同时，要充分考虑到网络时代的快速发展产生的新变化，如新思想的提出、新法规的出台、新产品的诞生、新平台的建成等，并及时进行概括总结，使理论研究始终走在时代的前列，引领现实网络生活。

（2）理论探索与实证考察相结合的方式

对网络文化资源进行研究，不能仅仅进行纯理论的探讨，还必须将其置于现实生活和网络生活中进行实证考察，使网络文化研究具有现实意义。

2. 提炼网络文化资源的重点

提炼网络文化资源要重点关注以下几个层面。

（1）网络文化行为

网络文化行为是网民在网络中呈现的具有文化意味的活动与行为方式。它们是网络文化的基本层面，决定着网络文化其他层面的形成和发展。

（2）网络文化现象

网络中发生的影响较大的特定事件、具有共同的趋向或特征的网民行为或网络文化产品等会形成某种文化现象。

（3）网络文化精神

网络文化精神是网络文化群体的核心理念和价值追求，是网络文化的内在价值取向与特质。目前，中国网络文化精神的特征体现在自由、开放、平等、非主流性等。网络文化精神会随着网络在社会生活中渗透程度的变化而变化。

（4）网络文化产业

网络文化作为一种新兴的产业，不仅是文化产业的制高点和增长点，而且是推动文化产业和其他传统产业变革的重要力量。

（5）网络文化安全

安全是互联网健康发展的前提，也是互联网自由精神健康成长的基础，从法规保障到道德自律都是网络社会成长的基本框架和支持力量。

提炼网络文化资源，有时需要从某一个层面的某一个角度进行分析，有时又需要把这些不同层面的认识统一起来、综合起来，形成综合性的结论。

三、借鉴国外网络文化建设成功经验

深化网络文化理论研究不能闭门造车，只在自我的小天地里打转转，必须拓宽视野，秉承开放包容、兼收并蓄的态度，借鉴外国网络文化建设的成功之处，吸收有益的启示，增加网络文化理论研究的宽度。

（一）外国网络文化建设的成功之处

在网络文化建设方面，无论是发达国家如美国，还是发展中国家如印度，都有其令人信服的成功经验，值得我们特别关注。

1. 发达国家网络文化建设的成功经验

以美国为首的西方发达国家是互联网的发源地，其网络文化建设的成功之处主要表现在以下几个方面。

（1）网络技术创新持续化

网络文化的物质依托是互联网。发达国家凭借其在网络方面的“先发”优势，率先研发并掌握了互联网核心技术，牢牢控制并引领着互联网的运行过程和发展方向。西方网络发达国家没有躺在已有的先进技术上睡大觉，而是持续不断地进行技术创新，是网络技术创新的主要推动者。新的网络技术不断涌现，如新一代因特网、移动 IP 技术、物联网等，让人眼花缭乱。新一代因特网主要指光因特网，是直接在光纤上运行的因特网，速度更快、信息传输容量更大。移动 IP 技术能够实现任何时间、任何地点或任何人之间的通信无障碍化。物联网技术通过红外感应器、激光扫描器、射频识别、全球定位系统等信息传感设备进行信息交换和通信，实现对物体的智能化识别、定位、跟踪、监控和管理。西方发达国家持续更新的网络技术也在不断推动其网络精神文化的快速发展，使网络精神文化的内容更加丰富、形式更加多样、传播更加快速和高效。

（2）网络公共服务不断优化

西方发达国家不断优化网络文化公共服务体系，为网民提供更加完善的网络文化公共服务。首先，推进政务信息网络化。20 世纪 80 年代末 90 年代初，西方发达国家就已经开始电子政务建设，并提供网络政务服务。如美国明确要求各级政府建设网站并在网上公开政务信息，为网民查阅提供方便。其次，加快网络文化公共服务设施建设。如美国在加快网络公共博物馆、网络公共图书馆、网络公共纪念馆等网络文化设施建设的同时不断推动传统公共文化设施网络化，公共图书馆提供网络接入服务几乎达到 100%，并进行互联网基本技能培训。最后，推动网络文化公共服务体系规范化。通过制定法律法规规范网络文化公共服务，对网络文化公共服务主体的职责、服务对象、服务标准等内容作出规定，以保障公民享有公共服务的权利。

（3）网络文化监管系统化

西方发达国家已建成相对完善的网络文化监管体系，主要通过立法、技术控制、行政监控、行业自律、公众监督等多种方式保护本国网络文化安全，维护网络文化发展秩序。在立法方面，20世纪70年代以来，美国政府各部门先后提出130项法案，如《计算机安全法》《儿童在线隐私保护法》等。在发挥行业组织作用方面，把行政监管和行业自律、公众监督结合起来。如1996年英国网络服务提供商自发成立半官方组织“网络观察基金会”，在贸易和工业部、内政部及城市警察署的支持下开展日常工作。为鼓励从业者自律，与由50家网络服务提供商组成的联盟组织、英国城市警察署和内政部等共同签署《安全网络：分级、检举、责任协议》。在技术保障方面，美国、英国和以色列等国家大力发展防火墙、入侵检测和防御系统、VPN、漏洞扫描、病毒防护及网络隔离等信息技术，进行开发和应用。在行政监控方面，澳大利亚制定了较为完善的网络安全战略，建立了澳大利亚计算机紧急响应团队（CERT）和网络安全行动中心（CSOC）。

2. 发展中国家网络文化建设的有效举措

发展中国家虽然在网络技术上起步较晚，但由于措施得力，也能够在网络文化建设方面取得令人瞩目的成就，印度就是其中典型的一例。发展中国家采取的有效举措主要有以下几个。

（1）重视网络文化人才的培养和引进

为解决人才短缺问题，发展中国家普遍重视网络文化人才的培养和引进。在这一领域取得突出成就的国家是印度。人才培养方面，印度在20世纪80年代就提出发展信息技术教育的政策。1998年提出“信息技术超级大国”的发展战略目标，发布了《印度信息技术行动计划》文件，明确提出“要建立国家信息技术教育理事会，为各级学生开设信息技术教育课程，建立SMART学校，培养学生的信息技术技能和价值观等”。经过多年发展，印度形成了完善的网络信息技术人才培养体系。在中小学制定《学校信息技术课程指南和教学大纲》，从小学一年级开始普及网络信息技术；高等院校普遍开设网络信息技术专业，专门培养信息技术人才的职业院校和培训机构遍布全国，最终实现产学研相结合。人才引进方面，近年来，印度政府在待遇、税收、金融、股权、子女教育、创业辅导等方面都制订了一系列优惠政策，吸引了大量海外科技人才回国。在印度一些知名的大公司，软件技术人才薪金的年增长率达到30%。印度政府甚至采取承认双重国籍的政策吸引相关人才回流。网络技术人才的不断增多大大推动了印度电子出版、动漫游戏、电视传媒等互联网文化产业的发展。

（2）重视发挥网络文化的“后发”优势

所谓“后发”优势，主要指网络文化建设时间较晚、水平较低的后发展国家与网络文化建设时间较早、水平较高的先发展国家相比所具备的优势。事实上，发展中国家大都能够认识到自身的后发优势所在，能够充分运用后发优势开展网络文化建设。这种优势主要表现在两点：一是广泛利用“免费搭乘”效应，先发国家先进的网络技术、网络文化监管模式可以直接拿来，为我所用。如菲律宾、马来西亚、哥伦比亚等发展中国家分别与阿尔卡特朗通、西门子、华为等公司合作，利用其先进技术改造或升级本国网络。又如，各发展中国家在制定本国网络文化监管政策法规时都不同程度地借鉴了西方国家相对成熟的经验。二是充分利用“前国之鉴”，有效避开先发展国家在网络文化建设中曾经遭遇的挫折与困境。如英、美等国在建设初期将大量资金投向了网络基础设施建设，而目前许多发展中国家正在努力节省网络基础设施建设投入，试图通过优先发展4G、WiFi等移动网络技术加快网络建设速度。

（3）重视网络文化建设的国际交流与合作

当前，以美国为首的西方发达国家在国际文化交流中推行网络文化霸权，并把这种文化霸权作为其重要的国家战略资源，以期达到控制他国的目的，给发展中国家的网络文化安全带来严重威胁。发展中国家纷纷采取积极措施抵制西方发达国家的网络文化霸权，如通过开展网络空间的“南南合作”（发展中国家之间的合作）与“南北合作”（发展中国家与发达国家之间的合作）建立反网络霸权联盟。马来西亚政府于1998年提出的“超级走廊”计划力图联合新加坡、马来西亚、印度尼西亚三国的力量，在东南亚形成一条连缀的信息产业“走廊”。2000年印度尼西亚和马来西亚举办了信息技术商业论坛，并在国内推行“聪明学校计划”，普及IT教育。此外，充分利用发达国家之间网络发展的不平衡开展“南北合作”。东亚的三个主要国家中国、韩国、日本虽然处在不同的网络发展阶段，但在网络传播上同样面临强势英语的压力，为此三国于1999年开始联合开发亚洲文字域名系统，力图首先打破英语在国际域名注册上的垄断地位。当前三国都成功地建立了本国文字的域名注册系统。

（二）外国网络文化的有益启示

外国网络文化建设的成功经验对我国网络文化建设有着很好的启示，研究这些启示有助于构建我国网络文化理论的框架。这些有益启示主要有以下几点。

1. 必须注重网络技术创新

网络文化以网络技术为依托，掌握核心网络技术是决定网络文化发展的规模、速度和水平的前提条件。发达国家的网络文化之所以走在世界前列，主要是因为持续不断的网络技术创新。

自从接入世界互联网以来，我国网络技术得到了飞速发展，与发达国家的差距正在缩小，但并未摆脱“跟随”的态势，还无法引领网络技术的发展，还没有占领网络技术制高点。我国网络文化赖以生存和发展的核心技术仍受制于西方发达国家。从全球互联网根服务器构建来看，决定国际互联网命运的共计 13 台根服务器有 10 台在美国，英国、日本和瑞典各设有 1 台，西方国家掌握着我国互联网发展的命脉。我国网络运行所需的核心硬件、网管设备以及大量日常使用的软件，如各类互联网终端的 CPU、操作系统等，许多都依赖从国外进口。我国网络技术的原始创新能力相对较弱。

网络技术上的受制于人也在较大程度上限制了我国网络文化的发展。我国网络文化建设要想“弯道超车”，必须加快网络技术创新的步伐。一方面，要在网络基础设施领域有所突破，如加快“下一代网络”工程建设，进一步推进“三网融合”技术的研发与普及，在各类网络终端 CPU 等核心部件研发上有所突破，在生物计算机、量子计算机研究等方面走在前列。另一方面，大力应用新技术在网络运用方面进行原始创新，如对云技术进行深层开发，完善云操作系统、云储存、云搜索等应用，并培育一批像 YouTube、Facebook、Twitter 等在世界范围内广泛使用的网络应用。要继续发挥我国在集成创新领域的优势，通过对不同功能网络应用的重新排列组合构建新型网络应用或网络应用平台。注重网络技术创新，提升自主创新能力，在网络信息技术领域占据一席之地，是建设中国特色网络文化、维护国家文化安全的“硬”武器。

2. 必须注重网络文化安全

网络文化安全是网络文化建设的重点，是网络文化健康向上发展的重要前提。脱离网络文化安全建设网络文化，只能加快网络文化“霉变”的步伐，建设速度越快，对网民、社会的毒害越深。以网络信息技术为支撑的网络文化由于具有高度无序化、难控制、“自由化”和“无政府”等特点，使网络文化安全面临着严峻挑战与威胁。有学者认为，这种威胁来自五个方面：“一是西方发达国家的网络文化对他国文化渗透性安全威胁；二是西方发达国家的网络文化对他国主流文化变异性安全威胁；三是西方发达国家的网络文化娱乐产品输出对他国文化侵害性安全威胁；四是网络色情、迷信等垃圾文化信息带来的腐蚀性安全威胁；五是网络病毒、网络犯罪等带来的破坏性威胁”。[①] 从我国网络文化建设现状及国外网络文化建设经验来看，目前我国网络文化安全形势不容乐观，必须结合自身实际情况并借鉴国外的成功案例切实保护我国网络文化安全。

（1）开展网络文化安全教育

维护网络文化安全必须提升网民的网络文化安全意识。对网民开展宣传教育要采取线上渠道和线下组织相结合的方式，线上渠道包括新闻网站、社交网络、聊天软件、网络论坛等，线下组织包括学校、社区、企事业单位、公益团体等。通过宣传教育，帮助网民树立网络文化安全意识，快速识别网络陷阱，主动抵制不良信息的侵袭。

（2）构建完善的网络文化监管体系

目前，我国已有多部涉及网络监管的法律法规出台，但网络的快速发展导致新情况新问题不断出现，对网络文化监管体系的更新和完善提出了更高的要求。一方面，要加快法律法规的出台，并使其具备较强的预见性，使网络文化监管实现法制化。另一方面，要推动监管手段的多元化，充分运用技术、行政、法律、经济、行业自律等多种途径，实现监管途径的多元化、层次化，在优势互补中完善监管体系。

（3）加强维护网络文化安全的国际合作

网络文化安全问题是世界各国面临的共同挑战，因而国际的交流与合作必不可少。我们应当从中了解和汲取发达国家网络立法等方面的经验，同发展中国家在政策、技术等方面开展合作，共同探讨抵御西方国家网络文化渗透之策。同时，还应联合发展中国家与发达国家进行“南北对话”，建立网络文化发展新秩序。

---

① 赵惜群，等．国外网络文化建设的经验及其启示［J］．当代世界与社会主义，2013（1）：85－89.

3. 必须注重网上意识形态斗争

发达国家利用其经济、文化和网络技术优势，不断通过各种方式在网上渗透其意识形态，推行其价值观念。对于社会主义的中国，意识形态的渗透已经演变为威胁中国网络文化安全、破坏中国网络文化秩序的首要因素。因此，必须以社会主义核心价值体系引领网络文化建设，让社会主义意识形态占领网络文化阵地，构建健康、文明的网络文化生态。发挥社会主义核心价值体系的引领作用，必须做好以下几个方面的工作。

（1）在充分认识意识形态威胁的基础上实现引领

知己知彼，百战不殆。引领作用要落到实处，必须全面了解西方意识形态渗透的形式、内容和程度，挖掘意识形态渗透实现的内在原因，为引领作用的充分发挥构建着力点，增强引领的针对性。

（2）在充分解读社会主义核心价值体系的基础上实现引领

社会主义核心价值体系的文字表述十分简洁，其理论内涵却非常丰富。因此，引领作用的发挥离不开对理论内涵的充分解读，使之具体化、通俗化、生动化，将其转化为网络社会的日常行为规范，使不同类别、不同层次的网民都能够轻松地认同、理解并遵守。

（3）在充分利用网络文化传播规律的基础上实现引领

从本质上讲，网络文化的传播具有开放性、多元性、互动性等特征，遵循自下而上和自上而下相结合的传播路径，适用诙谐幽默的网络语言。社会主义核心价值体系的宣传和教育只有顺应并利用这些规律，才能够融入网络文化，才能渗透到网络文化建设的各个阶段和环节中。例如，在宣传形式上要充分运用各类网络沟通工具，在宣传方法上要变单向灌输为多元互动等。

4. 必须坚持政府主导与多元参与相结合

网络文化建设的主体主要包括政府、企事业单位、社会团体、公众等。从各国网络文化建设经验来看，政府与其他参与主体的角色定位能在一定程度上反映一国网络文化建设的模式。网络文化的本质规律、发展阶段与各国国情、文化传统等因素是界定政府与其他参与主体角色的主要因素。对我国来讲，必须坚持政府主导与公众参与相结合的网络文化建设模式。

一方面，从行政管理体制来讲，中国政府的职能相对宽泛，与西方资本主义国家相比对社会经济发展的调控范围更大、力度更强，同时各类社会团体的发展不完善，因而主导网络文化建设的重任只能由政府来承担。

另一方面，开放性、多元性与互动性是网络文化的本质特征，仅仅依靠政府的力量无法实现网络文化的大发展大繁荣，因而网络文化建设同样离不开多元主体的广泛参与。具体而言，政府主导作用的发挥体现在对网络文化建设进程的统筹规划、政策引导、资金支持和制度完善等方面，特别是要承担起网络文化建设“舵手”的角色，把握网络文化发展的方向，当好网络文化建设的“伯乐”，构筑网络文化建设资源支持体系，鼓励各类主体广泛参与。与此同时，其他网络文化建设主体应当在政府搭建的平台上各尽所能，不断完善和构建网络文化产品与服务体系，建立与政府部门的互动沟通机制，参与政府的政策制定过程，并及时反馈建设过程中出现的问题。

四、提升网络文化理论研究水平

伟大的科学家牛顿说过：“如果说我比别人看得更远一些，那是因为我站在巨人们的肩膀上。”他的研究之所以能取得巨大成功，是因为吸收了前人留下的很多宝贵的知识和思想。网络文化理论研究同样需要在梳理前人研究成果的基础上发现不足，找到弥补不足的现实途径，使网络文化理论研究达到与新的历史起点相吻合的境界和水平。

（一）国内外网络文化理论研究现状

自从有了网络文化实践，就有了网络文化理论研究。针对网络文化这一崭新的文化现象，中外学者积极探索，潜心钻研，现已取得了一些研究成果，为网络文化的进一步深入研究奠定了良好的学术基础。

1. 国内网络文化理论研究现状

国内关于网络文化的相关研究首先是从旅居西方国家的华人华侨和留学人员开始的。国内学者主要从以下几个方面进行研究和探索。

（1）网络文化的概念

厘清网络文化的概念是人们研究网络文化问题的重要任务，为进一步深入研究网络文化夯实根基。国内学者从各个角度对网络文化的概念进行了梳理。李仁武在《试论网络文化的基本内涵》中指出，从狭义的角度理解，网络文化是指以计算机互联网作为“第四媒体”所进行的教育、宣传、娱乐等各种文化活动；从广义的角度理解，网络文化是指包括借助计算机所从事的经济、政治和军事活动在内的各种社会文化现象。冯永泰认为：“网络文化是以网络技术为支撑的基于信息传递所衍生的所有文化活动及其内涵的文化观念和文化活动形式的综合体。”①

（2）网络文化的特征

国内学者在网络文化的特点方面也进行了一定的研究，比较有代表性的学者主要有尹韵公、傅治平等。尹韵公在《论网络文化》一文中论述了网络文化的六大特征，即全球同步的文化、个性十足的“客”文化、全民参与的文化、强势的文化、集大成的文化、新人类文化。随着网络文化的发展和研究的深入，他又在《论网络文化的新特征与新趋势》中增加了四个特征：当代中国最重要的文化形态、新的网络文化形态不断涌现、社会性进一步增强、问题性凸显。傅治平主要是从文化范式的角度，特别是从主流文化范式转变的角度对网络文化的特点进行了分析和总结，提出在互联网的兴起和繁荣中主流文化范式发生了巨大的转变，表现在：一是现实文化与虚拟文化的兼容；二是文化信息全球一体化与文化本体个体化的统一；三是开放中的平等与共享；四是文化消费与生产的共时性；五是推动人类回归的载体。

（3）网络文化的价值

国内大多数学者都对网络文化的价值予以肯定，并且在各种不同的视野和领域中对网络文化的价值进行了详细诠释。鲍宗豪指出，网络文化的价值主要体现在：网络为人类创造了新的文化载体，网络文化成为新的文化形式；网络推动了世界文化的交流整合；网络文化语言的生动形象完善了网络世界，人们以更时尚更前卫的网络用语进行表述，彰显个性，促进人际关系的融合；网络文化有利于

① 冯永泰．网络文化释义［J］．西华大学学报（社会科学版），2008（2）：90－91．

传统文化的理性化转变等。[①] 陈依元对网络文化的价值进行了进一步研究，提出网络文化价值的具体展现方面：促进了人类文化的转型升级，推动了传统文化向现代文化的革命性发展；适合人类直观式、跳跃式、发散式的思维方式，使人们传统的思想观念、思维方式、语言叙述、审美取向和生存方式都发生了新的巨大变化；超越了时空限制，打破了国家、地区、民族之间的各种文化屏障，极大地提高了人们日常工作、学习和交往的效率；网络传播的迅速崛起开阔了人们的视野，拓展了人们想象、创造的空间，成为人类科学文化发展的新模式；形成了巨大的、有丰厚经济效益的文化产业。[②]

（4）网络文化与中国特色社会主义文化的关系

网络文化传播以其无法比拟的互动性对社会文化的形成及其他方面的影响起着举足轻重的作用，能否使网络成为传播社会主义先进文化、和谐文化的新途径，如何处理网络文化与中国特色社会主义文化之间的关系，已经成为重要课题。我国学界对此也进行了研究和探讨。董德兵分析了社会主义核心价值体系引领网络文化的根本任务和紧迫性，提出应以社会主义意识形态中最本质、最先进的指导思想引领基于互联网平台和技术衍生的新兴文化形态，适时地解决中国改革和发展关键期中显现的社会矛盾及诉求，使互联网成为时代精神和爱国思想表达的主要阵地。

2. 国外网络文化理论研究现状

国外网络文化理论研究起步较早，20 世纪 80 年代就已经开始。到目前为止，国外网络文化研究的历程大体可以分为三个发展阶段。

（1）初识网络阶段

当网络还是一个新生事物，人们对网络、网络空间、信息高速公路等概念还比较陌生，关注度也比较高。对网络文化的讨论主要出现在各个大众媒体，如报纸商业版或时尚增刊的头版，甚至许多主流杂志的新媒体版或网络空间版，也有十分畅销的通俗读物。这些文章和书籍的话题主要局限于网络文化的作用是好还是坏的争鸣，人们纷纷预测网络文化的前景。他们认为网络文化是一个准合法

① 鲍宗豪. 网络与当代社会文化［M］. 上海：上海三联书店，2001：297.
② 同①，325.

的、分布很广的、选择性的、松散的、对立的亚文化复合体，网络文化可分成几种主要领域，如先锋艺术、边缘科学、视觉技术、大众文化。

有人认为网络的影响是负面的、消极的。网络败坏了人们的教养，导致了政治、经济对立及社会分裂。伯克兹曾警告说，网络、超文本和电子技术本位将导致人们写作水平和对世界的现实感受力的下降。斯托曾是一个网上超级黑客，后来成为网络凶兆预言家。他号召人们离开电脑："真实世界中的生活远比电脑屏幕上所发生的任何事情都要更加有趣、更加重要、更加丰富。"另一些人则认为网络具有正面的、积极的作用，认为网络空间是一个新的文明的前沿，一个能够带来巨大的商业利润、培养出民主参与意识并结束经济和社会不平等的领域。时任美国副总统戈尔发表演讲说："这些高速公路——或者更准确地说，传播知识的网络——将使我们得以结成一个地球村，共享信息、相互联系和交流。这种相互联系将促使经济进步、民主加强，更好地解决全球和地区环境问题，改进人们的健康状况，进而，我们会拥有享受我们这个小小环球的职责的良好感觉。"①

（2）网络文化本体研究阶段

这个阶段始于20世纪90年代中期，学者们讨论的焦点主要是网络新空间。虽然网络空间不是现实意义上的邻里、城市或国家，但它却为使用者提供了极为真实的机会，让他们去建立社区和个人身份。网络文化本体研究形成了两大支柱：一个是虚拟社区，另一个是在线身份。

瑞因高德的《虚拟社区》一书中这样描述虚拟社区："可以是也可以不是相互面对面聚集的一群人，他们通过电脑公告牌和网络媒介彼此交流语言和思想，展开集体讨论，履行商业行为，交流知识，共享情感，做设计，闲聊，争斗，恋爱，找朋友，玩游戏，调情或创作一些高雅艺术等。他们做人们聚到一起时所做的任何事情，只不过是用语言在电脑屏幕上做，把身体留在电脑后面。"他虽然指出了过度沉迷网络的潜在危害，如网络沉迷导致对现实认知的混乱，但他对网络空间充满了肯定的热情。

雪莉·特克尔的《屏幕生活：因特网时代的身份》则提出了在线身份的思想。网络空间的大部分人借助数字领域经历体验着一种更加真实的身份或一个多样性的身份。在任何一种情形下，用户都可以在"身份车间"自由地挑选一种

① 杨新敏．网络文化研究评介［J］．国外社会科学，2002（3）：74－81.

自然性别、社会性别和个性。她认为多用户网络游戏中用户们通过创造一个在线身份来改善他们的离线生活。

（3）网络文化综合研究阶段

这个阶段始于2000年，此时人们的视野更加开阔，网络空间被视为各种文本相互交织的更加复杂的领域。网络文化研究已经扩展到四个领域：在线互动、网络空间话语权、网络接触与阻隔及网络空间的界面设计。这四个领域并不是互不相干的“独立王国”，而是相互依存和相互交织的关系。对这四个领域的交叉研究直接呈现了网络文化的复杂性和多样性。

在线互动使人们能够交流社会信息，创造并逐渐固化群体的特殊意义系统和身份认证系统，形成了从玩世不恭者到浪漫主义者之间的友谊，造就了网络和面对面两种互动，创造并保持了一种理想的群体互动规范。

在网络空间话语权方面，网络空间不仅是一个相互交流和建成社区组织的地方，更是一个极为真实和富于想象力的领域。在网络空间，各个利益集团都在努力寻找对其有利的资源和未来的发展方向。许多研究者指出，已经形成两种令人不安的网络空间话语：一是网络是一个前沿，二是网络是一个男人的领地。例如，米勒说，网络作为一个前沿的隐喻使网络空间被结构成为一个男子气的充满敌意的领域，一个对于妇女和儿童来说很不安全的领域。

在网络接触与阻隔方面，研究者发现：阶级、人种、年龄和教育状况极大地影响着在线访问。“数字鸿沟”在美国的一些组织中已经变得更加严重，以致出现了更大的不平等。例如，在低收入阶层和高收入阶层之间存在着更大的“鸿沟”。

在网络空间的界面设计方面，人们关注的是人机互动的友好界面。界面的设计对于一个站点目的的实现产生了根本性冲击，在美国形成一个热潮的新领域：参与性设计。它代表着一种新的电脑系统设计方向，通过这种设计，人们注定要利用这个系统扮演一个评论者的角色。在社会责任感强烈的电脑专家们的支持下，参与性设计已经在设计者中间开始讨论并运用。

此外，还有上述四个领域研究的交叉与综合，把网络文化理解为一系列的协商过程，它既发生在网上，也发生在网下。因此，话语讨论、网上访问和设计是至关重要的。21世纪，网络文化学者的任务是承认这些协商过程，并对它展开研究和批评，以便更好地理解网络中发生的事件。

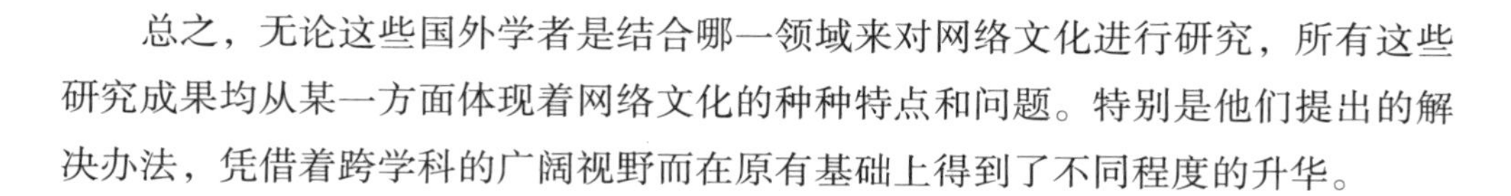

总之，无论这些国外学者是结合哪一领域来对网络文化进行研究，所有这些研究成果均从某一方面体现着网络文化的种种特点和问题。特别是他们提出的解决办法，凭借着跨学科的广阔视野而在原有基础上得到了不同程度的升华。

（二）目前我国网络文化理论研究的不足

尽管我国学者对网络文化理论进行了多层次、多角度的深入研究，但与国外学者的研究相比，与网络文化引领网络强国的使命要求相比，我国的网络文化理论研究还存在明显的不足，主要表现在以下几个方面。

1. 研究范围有待进一步拓展

目前我国的网络文化理论研究大多还停留在网络文化的内涵、特征、影响、对策、与传统文化的关系等一般性问题上，研究范围较窄，研究课题雷同现象比较严重，而针对我国国情背景下网络文化面临的现实特殊问题的研究却明显不足。我国网络文化研究的突出问题是主动性弱、应对性强。从关注内容、研究方式和解决措施等方面看，对网络文化的被动应对心态比较明显。网络文化研究的某些观点仍有待更深入地探讨，如关于网络文化的价值、特质等。网络文化的研究范围应更加广泛，既要涉及网络文化中的物质文化、技术文化、制度文化，还要涉及精神文化，努力覆盖政治、经济、军事、地理、教育、道德、科技、法律、人际交往、思维方式及人的主体性等诸多方面。

2. 研究视角有待进一步丰富

从研究视角来看，国内的网络文化研究主要是在传播学的基本框架下进行的，包括传播者研究、受众研究、传播内容研究、传播媒介研究、传播效果研究、反馈与互动研究等领域，而跨学科的研究很少。网络传播并不是一种简单的传播现象，它是复杂的社会系统运动的一种集中体现，反映着政治、经济、文化等多重因素的共同作用。国外的研究方式比较多样化，大致上是从三个相互联系的角度展开的：一是从社会学的角度，关注网络上的社会交往行为；二是从政治、法律的角度，关注网络传播对现有社会规范体系的影响和改造；三是从参照传统媒介的角度，关注网络传播给信息传播活动带来的变化及其特点。但这三个角度并非完全割裂，从最终指向来说，它们关注的都是网络文化的传播对于现实社会过程的影响。国外学者还从女权主义、心理学、宗教学等多角度出发综合分析网络文化。网络文化研究需要多维视角。如关于网络文化与民族文化的关系，许多学者关注的焦点仅限于网络文化与民族传统文化的冲突。如果从网络文化与传统文化的转型、网络文化与网络社会的融合、网络文化与中国先进文化的前进方向、网络文化与传统文化的现代化等角度进行研究，将更具有理论研究价值与社会现实意义。

3. 研究方法有待进一步完善

在我国网络文化的研究中，研究方法仍然是一个限制研究水平的瓶颈，不少课题没有什么研究方法可言，而一些运用了一定研究方法的项目也不同程度地存在方法不够科学、不够完善等问题。研究方法的缺乏限制了网络文化研究向更广的领域及更深的层次拓展。国内研究探讨网络文化中的问题多采用哲学思辨方法，导致结论缺乏说服力，对策缺乏可操作性，实证研究比较少。网络文化研究要特别重视实证研究方法，通过收集整理数据，结合案例分析、网上调查、问卷及访谈等，进行定性定量分析，以保证数据的真实性、研究结论的可靠性。

（三）提升网络文化理论水平的现实路径

网络文化理论水平的提升需要脚踏实地、积极探索，找到切实可行的实现路径。

1. 始终坚持正确的发展方向

面对纷繁复杂的学术思潮，网络文化理论研究应以中国特色社会主义理论体系为指导，始终保持政治上的清醒和坚定，只有这样才能始终保持正确的发展方向，为网络文化建设服务。中国特色社会主义理论体系是马克思主义中国化的最新成果，是与时俱进的马克思主义。我们正处在一个思想活跃、观念碰撞、文化交融的时代，网络信息泥沙俱下，主流意识和非主流意识相互交织，各种反对和淡化马克思主义的思潮重新抬头，意识形态领域的斗争更加复杂。网络文化建设要牢固确立马克思主义的指导地位，其理论研究必须坚持以中国特色社会主义理论体系为指导。只有解放思想，实事求是，坚定自己的政治立场和政治方向，牢固树立正确的世界观、人生观和价值观，掌握观察事物的科学方法，增强分辨是非的能力，网络文化理论研究才能保持正确的方向，不断取得新突破，实现新发展。

2. 大胆进行理论创新

要把继承与创新结合起来，大胆进行理论创新，这是深化网络文化理论研究必须树立的重要理念。理论创新必须解放思想，顺应时势，破除定向思维，勇于开拓创新。要把影响我国网络文化建设的主要矛盾和重点问题作为突破口；要把信息化建设和网络文化建设中存在的现实问题作为理论研究的主要课题；要把解决网络文化建设工作中的各种矛盾作为理论研究的主导方向。

网络文化理论创新要立足实际。只有坚持面向网络文化实践，通过深入网民调查研究，紧贴网民思想实际，才能涌现出优秀、丰硕的网络文化理论成果，才能满足人们多方面、多样化、多层次的精神需求。

网络文化理论创新应坚持开放性原则。积极追踪理论前沿，广泛吸取先进的理论成果，博采众家之长，为我所用，可以缩短理论研究周期。美国是世界上开展网络文化理论研究最早的国家，其研究也最为深入，已经初步形成了较完善的网络文化理论体系。对外国的理论成果要有鉴别地“拿来”，结合自身实际应用，不断深化我国的网络文化理论研究。

3. 加强学术交流

学术交流是促进理论研究不断进步的重要学术活动方式。通过学术交流，对各自近期学术成果进行介绍，对重大学术问题作进一步探讨，集思广益，有利于把研究工作推向深入，同时为下一步的研究工作做准备。

学术交流活动可以是一年一度的学术年会，也可以采取更灵活的形式。例如，在重大学术问题的研究过程中可以根据各种不同的情况和学术研究的需要及时召开不同内容、不同规模的研讨会。不同范围和层次的学术交流活动作用和影响不同。例如，全国范围的网络文化学术交流活动规格比较高，要求也比较高；各地的网络文化学术交流活动可以融合各地网络文化成果，加速网络文化建设进程；积极扩展对外交流，可以吸收外国网络文化建设的有益做法和成功经验。此外，还可以定期开展一些小范围的网络文化学术交流活动，促进信息共享，推进理论研究工作。

4. 形成群众性研究氛围

营造积极活跃的网络文化研究氛围，激发人们参与网络文化理论研究工作的热情，变被动参与为主动参与、积极探索。通过教育引导，调动人们投身理论研究的积极性。要使人们认识到，理论研究不是简单的发表文章，它可以使零散的思维更系统、肤浅的认识更深刻，可以使指导工作的方法更科学，可以实实在在地提高自身能力素质。通过严格落实奖惩制度，激发人们投身理论研究的热情。把精神奖励与物质奖励统一起来，对于取得重大理论研究成果的单位和个人予以重奖，特别是要与个人的成长进步等切身利益挂钩，充分调动大家参与理论研究工作的积极性、主动性和创造性。

总的来说，广泛开展网络文化理论研究工作，并结合实际，研究新情况，解决新问题，总结新经验，适应新形势，才能从感性认识升华到理性认识，并以此指导实际工作，把网络文化建设工作不断推向新的发展阶段。

五、加速网络文化理论成果的转化

理论的意义在于可以对实践产生能动的反作用，理论成果的最终目的是指导实践。只有经过实践的检验，理论成果才能得以不断地充实和完善，才能具有旺盛的生命力，永葆理论之树常青。如果网络文化理论研究的成果对实践起不到指导作用，可以说是不成功、无意义的成果，也就失去了理论研究的意义。同样，把来之不易、具有指导意义的网络文化理论研究成果束之高阁，也会使其失去应有的实用价值。因此，要积极推动网络文化理论成果向实践转化，为中国特色网络文化的发展提供理论指导。

（一）掌握网络文化理论成果的呈现形式

网络文化理论成果是对网络文化实践活动中不断出现的新情况、新问题作出的理性分析和理论解答，是对网络文化建设规律、特点及发展变化趋势的揭示，是创新思考和艰苦劳动的结晶。它的表现形式主要有学术论文、理论著作、研究报告及相关规章等。

1. 网络文化方面的学术论文

学术论文是对网络文化某一问题进行研究而得到的比较普通、比较常见的研究成果形式，通常包括专题性论文、综述性论文和评论性论文等，如王维的《近年来国内网络文化研究热点综述》、曹学娜的《网络文化研究综述》、唐亚阳的《中国网络文化20年研究综述》、吴满意的《国内学界网络文化问题研究状况述评》、杨晓辉的《对网络文化基本理论的几点认识》、郝俊虹的《浅谈网络文化的现状及发展》等。学术论文不受篇幅限制，可长可短；不受作者身份限制，可以是机关干部、理论工作者，也可以是高校教师、一般网民；不受论题限制，可以是全局性的选题，也可以就某一问题的一个侧面展开研究。

2. 网络文化方面的理论专著

理论专著是就网络文化某一学术专题进行深入研究所形成的系统理论成果形式，通常可分为专著、编著等。理论专著一般要求主题鲜明、内容系统、逻辑严谨、富有创新性。在充分掌握资料的基础上，紧紧围绕确定的主题，相对集中地研究所要解决的问题，系统地整理、概括、提炼和论述所要回答的问题，既要有研究的专业性，又要体现理论的系统性。如曾静平的《网络文化概论》、陈万怀的《当代网络流行文化解析》、龙其林、梁振华《大众狂欢：新媒体时代网络文化透析》等，都是比较有见地的网络文化理论专著。

3. 网络文化方面的研究报告

研究报告是网络文化理论研究回答和解决现实问题的成果形式，主要包括专题论证报告、调查研究报告、咨询建议报告等。网络文化方面的研究报告大多属于对策问题研究范畴，通常针对网络文化发展的新形势、新任务，根据有关部门决策和指导工作的需求，就某一专题或某一现实问题，通过调查研究、分析论证、提炼升华的方法，提出及时、有效的对策和建议。撰写相关研究报告一般要求紧贴网络文化实际，体现时效性和针对性。

4. 网络文化方面的相关规章

相关规章是网络文化理论研究为规范网络整体运作和网民个体行为提供的成

果形式，主要包括规定、细则、纲要、通知等。相关规章既是国家法规在网络文化方面的具体化，也是网络文化实践活动的基本依据。其既要贯彻国家法规的要求，又要体现我国网络文化的实际情况，具有稳定性、适用性、强制性的特点。编写规章是非常严肃的理论创新，既要注意吸收已经成熟和相对稳定的理论观点，又要以开拓创新的精神突破传统模式，敢于面对新情况，研究新问题。

（二）认识网络文化理论成果向实践转化的特性

加速网络文化理论成果向实践转化，排除转化过程中的困难障碍，找到促成转化的途径和措施，必须认识网络文化理论成果实践转化的特性。

1. 长期性

网络文化理论成果实践转化过程是一个矛盾相互转化、发展的过程，受到转化主体、接受转化主体、转化环境及转化载体等多种因素的影响。作为接受主体的广大网民在接受网络文化理论成果时，其信息主导的价值观念、思维方式及行为方式的形成不是一蹴而就的，而是一个长期性的、反复的过程，需要经历思想认识多次的反复，主体的多次实践、认识、再实践、再认识的接受活动这样一个多次循环的网络文化理论成果转化过程，才能使广大网民的行为方式、生活习惯等产生质的飞跃。

2. 间接性

自然科学的理论成果在向实践转化过程中，大部分可以直接用来指导技术实践，或者直接投入生产过程生产出产品，转化的形式是理论到实践。与这种理论成果实践转化的直接性相比，社会科学领域的理论向实践转化需要经过对新思想、新理论理解、消化、吸收的阶段，先内化成接受主体的意识，然后才能应用到实际工作中，它的转化形式是理论—观念—实践。因此，社会科学领域的理论成果实践转化具有间接性的特点。

网络文化理论成果属于社会科学领域，因而在其向实践转化的过程中也具有间接性的特点。网络文化理论成果潜移默化地塑造着广大网民的价值观念和思维方式，进而影响到其行为习惯，必将对我国网络强国战略产生巨大的推动作用。

3. 隐蔽性

自然科学理论成果的转化具有实用性和单一性，能够直接转化为生产力、战斗力。例如，某单位研制了一款新型的武器——爆炸式催泪弹，如果在执行任务时扔出一两颗催泪弹，所起到的驱散人群的作用比几个班、几个排的兵力都好。从这个意义上讲，科技成果转化的新武器装备是战斗力的倍增器。如果说自然科学成果能够转化为直接的生产力、战斗力，作为社会科学领域的网络文化理论成果就是一种潜在的生产力、战斗力。网络文化理论成果通过影响网民的思想观念进而改变其行为习惯，理论向实践转化的效果不是马上就显现的，具有隐蔽性和延迟性的特点。

（三）采取网络文化理论成果实践转化措施

要重视网络文化成果的转化，切实制定网络文化成果实践转化的应对措施，加速理论成果的实践应用进程。

1. 加速网络文化理论成果被网民了解的过程

网络文化理论成果实践转化需要广大网民共同参与和推动，因为他们是实践转化的主体，只有他们理解和掌握了网络文化理论，才能用来指导自己的网络文化实践，在实践活动中体现出来。如果忽视了广大网民参与的积极性，网络文化理论的实践转化就失去了群众基础。网络文化理论成果实践转化涉及网络文化的方方面面，是一项全员参与的大工程。如果没有广大网民的参与和应用，再好的理论成果也只能是“花架子”，取得不了实际效果。因此，要积极营造网络文化理论实践转化的大环境、大氛围，进一步凸显网络文化的地位，通过宣传网络文化理论成果使全体网民熟知网络文化的意义、目的、内容和途径，为网络文化理论成果向实践转化提供良好的外在环境。

（1）加强网络文化基础设施建设，为理论成果转化提供适宜的“硬环境”

完备的文化基础设施是网络文化的物质基础。信息化条件下网络文化基础设施建设包括两个方面：一方面是传统意义上的硬件设施，如俱乐部、阅览室、文化活动室等；另一方面是信息化的硬件和软件支持，如计算机、网络、服务器、数据库及其他必要的设施。其中，网络建设是网络文化基础设施建设的主体工程，要提高网络的联通率和覆盖面。网络的联通是前提，只有网络联通了，网络文化理论研究成果才能“联起来、流起来、活起来”。网络联通率低的地方要在“通网”上下功夫，只有网络到基层，网络文化研究的理论成果才能到群众。网络联通率高的地方要在提升层次和使用效益上下功夫，树立长期打基础、全面搞建设的思想，为网络文化理论成果向实践转化“架好桥、铺好路”。

（2）宣传网络文化理论成果的形式要灵活有效

要创新网络文化成果宣传工作，以活泼多样、群众喜闻乐见的形式传播网络文化理念，为理论成果转化提供有利的“软”环境。要创造较好的人文环境，启迪和熏陶广大群众，使其思想观念、文化修养、行为方式潜移默化地发生变化。要充分利用计算机、网络广播、视频点播、微博、微信、客户端、多功能电子显示屏等载体宣传网络文化，让网络文化气息融入群众生活点滴，对广大群众产生渗透性的教育作用。

（3）充分利用各类信息网络平台，让理论成果主动占领网络文化阵地

目前，我国已经建立起层次鲜明、各有侧重的网络体系。第一个层次是门户网站。人民网、新华网、新浪、搜狐、网易等网站都属于门户网站，拥有人力、物力和技术优势，其竞争力、影响力、控制力和带动力都是其他网站不能比拟的，在网络文化理论成果实践转化中要发挥其面向全国和世界及信息发布权威、具有时效性等优势。第二个层次是地方各级政府网站、门户网站在各地的镜像网站、各行业网站等，它们处于中间位置，是门户网站的补充和丰富，应突出其地域文化特点、承担任务特点，促进网络文化理论成果加速向实践转化。第三个层次是基层网站，距离群众最近，应突出其贴近生活、贴近实际的特点，为网络文化理论成果向实践转化提供力所能及的服务。各类信息网络平台相互补充，互为依托，可以最大限度地激发群众积极投身于网络文化建设的大潮。

2. 增强运用网络文化理论成果指导实践的自觉性

毛泽东同志说过：“代表先进阶级的正确思想，一旦被群众掌握，就会变成改造社会、改造世界的物质力量。”[①] 网络文化理论成果只有首先被广大群众掌握，内化为自己的思想和观念，才能进一步向实践转化。

---

① 毛泽东．人的正确思想是从哪里来的？［M］．北京：人民出版社，1964：59.

(1) 积极开展理论学习，提高理论成果向实践转化的能力

要把对网络文化理论研究成果的学习经常化、规范化和制度化。完善学习制度，增强学习的自觉性。各级领导要带头学习理论，把理论学习作为经常性工作突出出来。同时，积极开展专题学习班、专家讲座、理论宣传专栏、集中研讨和网上发言等各种形式的活动，增强学习网络文化理论研究成果的吸引力和实效性。在学习方法上，系统学习与重点学习、个人学习与集中学习相结合，提高学习网络文化理论成果的积极性。坚持学以致用，切切实实从每个网民做起，推动网络文化实践不断向前发展。

(2) 提高运用网络文化理论成果指导实践的自觉性

在掌握网络文化理论成果的基础上，发挥其对网络文化建设实践的指导作用。针对网络文化发展的现实和趋势需要，积极筹措资金、制定政策、规范程序，谋划和制定网络文化理论成果转化为具体实践的方法、原则和对策，切实增强网络文化理论的实践效能。只有这样，才能实际地检验和发展网络文化理论，真正推动网络文化的创新发展。

3. 健全完善理论成果转化应用机制

加速网络文化理论成果被网民应用的过程，需要积极探索，建立一套行之有效的网络文化成果实践转化机制。

(1) 做好网络文化理论成果遴选

要定期对网络文化的理论成果进行统一梳理，从中遴选出具有较高应用价值的成果，并对其进行综合评估，以提高其应用的成功率。通过对网络文化理论成果的合法性与合理性以及向实践转化的环境和条件进行综合考证和分析，决定该项理论成果能否进入下一步的试点程序。

(2) 推行网络文化理论成果实践转化的试点机制

研究成果是理论层面的东西，会与客观实际存在一定的差距，可以通过试点将理论成果先在小范围内加以运用，从中发现问题，解决问题，逐步完善研究成果，为理论成果的全面推广打好基础。网络文化理论成果在实践转化中可以选择在小范围内进行试点工作，检验其可行性和推广价值。通过“试点—完善—再试点—再完善”这样一个反复“从理论到实践、再从实践上升到理论”的良性循环过程，缩小理论成果与客观实际的差距。

（3）强化网络文化理论成果的普及应用

网络文化理论成果要实现其实践价值，发挥影响力，需要逐步推广。针对网络文化建设实践中出现的新问题、新情况进行的研究创新成果，积极协调相关单位和部门将其转化为转变网民思想观念的有力武器，转化为规范网民行为的有效指南。

此外，要加强跟踪问效，建立抓成果实践转化责任制，明确职责，落实到人。需要注意的是，理论成果的大范围推广与小范围试行有着本质区别，有些问题只有在大范围推广时才会显现出来。因此，需要及时建立灵活的信息反馈机制，随时关注推广中出现的问题，并根据有关反映及时调整推广策略。对于推广中出现的小问题，可以边试行边研究边完善；如果出现的问题比较大，就应该考虑暂时停止推广，待进一步研究完善后再推广。

建立健全网络文化理论成果实践转化机制，可以加快理论成果向实践转化，并切实提高理论成果转化的质量和效益，必将进一步推动我国网络文化的蓬勃发展。

总之，网络文化理论成果的实践转化是一个系统的、有机的过程，必须正确认识网络文化理论成果实践转化的特点和运行机制，以学习为先导，以应用为目的，提高运用网络文化理论成果指导网络文化建设的自觉性，推动网络文化理论成果向实践转化。

参考文献

[1] 李光，朱瑞海. 2004~2013年中国网络文化文献计量学分析［J］. 农业网络信息，2014（7）：123-125.

[2] 张坤. 近十年国内外网络文化研究比较［J］. 长沙铁道学院学报（社会科学版），2011（4）：50-52.

[3] 杨晓辉. 对网络文化基本理论的几点认识［J］. 辽宁税务高等专科学校学报，2005（3）：67-68.

[4] 唐亚阳，刘宇. 中国网络文化20年研究综述［J］. 湖南大学学报（社会科学版），2014（5）：131-135.

[5] 张凯智. 中国特色网络文化建设的思考［D］. 大连：大连海事大学，2013.

[6] 褚洪涛. 网络文化建设与管理研究［D］. 济南：山东大学，2012.

[7] 雷丰源. 社会主义核心价值体系视阈下网络文化建设研究 [D]. 武汉：华中师范大学，2014.

[8] 课题专家组. 建设中国特色社会主义网络文化强国对策建议 [J]. 中国广播，2013 (5)：8-13.

[9] 王晶. 论社会主义网络文化建设 [D]. 上海：华东政法大学，2012.

[10] 吴满意，王欣玥. 国内学界网络文化问题研究状况述评 [J]. 电子科技大学学报，2016 (2)：33-38.

[11] 姚伟钧，彭桂芳. 构建网络文化安全的理论思考 [J]. 华中师范大学学报（人文社会科学版），2010 (3)：71-76.

第十章　推动网络先进文化创新发展

人类进入青铜时代，并不是因为石器时代的石块用完了；人类进入数码照相时代，并不是因为传统照相的胶卷用完了，而是因为新的技术出现了。当新的技术出现，新的时代就会到来，因此一定要有与时俱进的创新意识。

传统成于赓续，活力源于创新。创新是文化的特性，更是网络先进文化的灵魂。作为信息时代的主流文化形态，网络先进文化必然要与时代的发展速度同步，与国家的发展战略合拍。在人类社会网络化发展的大形势下，网络先进文化的创新发展具有极端重要性，它决定着中国未来文化发展的走向，影响着中国的经济、政治、军事、外交等诸多方面。要实施网络强国战略，就一定要重视网络先进文化建设，不断推动网络先进文化创新发展。

一、飞速发展的信息时代呼唤网络先进文化不断创新

任何文化都是特定时代的反映，时代的发展变化必然反映到相应的文化上。当今时代是一个在互联网上“飞旋”的时代，日新月异不足以形容它惊人的发展速度。网络先进文化需要以崭新的气象主动顺应信息时代的发展变化。网络先进文化不断创新是信息时代发展变化的热切呼唤。

（一）信息时代网络发展的新趋向

目前，信息时代的铿锵脚步正向未来不断迈进，呈现出如下几个新趋向。

1. 网络覆盖范围快速扩张

从全球范围来看，网络发展的态势恰如春天不断蔓延的青草，正在绿遍天涯。目前全球总人口约为70亿，据美国国家科学基金会预测，到2020年全球互联网用户数量将接近50亿人，达到世界总人口的70%左右，网络覆盖世界、联通全球很快就会变为现实。

《第38次中国互联网络发展状况统计报告》显示，截至2016年6月底，我国的上网人数已达7.1亿人，手机上网人数达6.56亿人。从每半年发布一次的报告来看，上网人数在不断上升，尤其是手机上网人数更是不断攀升。

2. 网络交流工具不断涌现

信息技术持续不断地创新，网络交流工具也就不断推陈出新。最初阶段是电子信箱、个人主页、网络论坛、网络即时通信、手机短信，进而发展到博客、维客、播客、社交网站、论坛社区、网络视频等，现在相当普及的是基于移动终端的微博、微信等新型即时通信，新的网络交流工具可谓层出不穷。这些网络工具都是网络文化的有效载体，创造出很多网络文化新形态，甚至能把很多传统的文化形式融合到网络之中。可以想见，随着信息技术的发展和终端的不断丰富，还会出现更新的网络交流工具。

3. 网络对社会的影响不断加深

网络不仅具有很强的虚拟性、即时性和互动性，而且具有很强的快速反应性。微博、微信等网络新兴媒体迅速崛起，无论是传播速度、受众范围还是参与程度、信息容量，都大大超过了传统意义上的主流媒体。近年来，网络的传播能力和社会影响力越来越强大。网络形成的信息能量具有很强的爆发力，给社会生态和政治制度环境造成了强大的冲击。网络给人类带来了空前的机遇，但也潜伏着巨大的风险与挑战。未来网络对社会发展的影响将会是颠覆性的。

4. 网络话语权的争夺日趋激烈

网络的发展之快、影响之深是人类历史上前所未有的。在网络上，中西文化的交融与对撞、不同意识形态和思想观点的直接对话与交锋已经形成新的文明冲突景象。由于西方发达国家在国际政治与经济秩序中占据垄断地位，在互联网的信息传播中也占据支配地位。阿尔温·托夫勒在《权力的转移》中说："世界已经离开了依靠金钱与暴力控制的时代，而未来世界政治的魔方将控制在信息强权的人手里，他们会使用手中所掌握的网络控制权、信息发布权，利用强大的语言文化优势，达到暴力与金钱无法征服的目的。"① 世界各国都在竭尽全力争夺网络话语权。随着不发达国家正努力在网络技术方面实现"弯道超车"，这种争夺将会更加激烈。

（二）网络先进文化创新发展是信息时代发展的必然选择

信息时代发展的新趋向使得网络先进文化除了不断创新发展别无选择，因为停止不前的网络先进文化不能适应信息时代发展的要求，也就不能称为网络先进文化。

1. 跟上网络文化发展步伐要求必须创新发展网络先进文化

在信息时代，网络文化是基于互联网的新型文化，具有方便快捷、成本低廉、信息量大、资源共享、互动性强、开放性高等特点。在不远的将来，网络文化可能会迅速膨胀为全球性文化。对我国而言，要想与信息时代文化发展的要求同频共振，必须做到与时俱进，创新发展网络先进文化，即发展中国特色网络文化。中国特色网络文化是中国特色社会主义文化与网络文化相结合而产生的一种新的文化形态，它既具有"面向现代化、面向世界、面向未来"的开放性，又具有民族性、科学性、大众性、社会主义性等特质。瞄准中国特色，丰富网络文化的社会主义文化特性，是网络先进文化创新发展的一个重要方向。

2. 发挥对社会发展的促进作用要求必须创新发展网络先进文化

互联网正在世界范围内呈现加速发展态势，对世界各国的政治、经济、文化等领域都产生了广泛而深远的影响。网络文化的发展速度将会更快，并将走在文化发展的前沿。网络文化是"网络"和"文化"的联姻，这就是说，网络文化不仅仅是"文化"，还将是"文化"和"经济"的融合。可以预见，网络文化在

① 阿尔文·托夫勒. 权力的转移 [M]. 吴迎春，傅凌，译. 北京：中信出版社，2006：36.

促进文化经济化的道路上将会做出更大的贡献。在我国“信息化带动工业化，工业化促进信息化”的大背景下，网络文化产业作为网络、文化和产业三者的结合体必将加快信息产业和文化产业的融合，出现超常规、跨越式的大发展。网络文化产业有望成为文化领域的第一产业。网络先进文化只有紧盯网络文化与经济社会越来越紧密的关联，不断创新发展，才能充分发挥在增强我国文化软实力、促进经济建设、巩固和发展中国特色社会主义方面的巨大促进作用。

3. 扭转网络文化格局失衡局面要求必须创新发展网络先进文化

从表面上看，网络可以将人类文化“一网打尽”，在网络空间的文化交流、思想传播是完全自由的。但事实上，目前世界网络文化格局呈现出严重失衡的局面。西方国家凭借其人才、技术和信息资源的先发优势主导网络规则的制定，极力利用网络宣扬其意识形态和思想文化，使得网络文化形成了西方国家特别是美国“一超独霸”的格局。“今天的 Internet 带有明显的美国味道。”[①]“进入交互网络，从某种意义上，就是进入美国文化的万花筒。”[②] 网络文化中所携带的西方价值观、意识形态观点冲击着非英语国家和民族的人们原有的思想观念和文化素养，逐渐征服本土文化，最终可能形成一种以西方文化为主的全球网络文化。在西方国家主导的国际网络文化格局中，我国的声音还比较微弱，在网络文化水平和影响方面与美国等西方国家存在着较大差距。面对西方强势网络文化的冲击，我们不应该只是被动回应，也不应该亦步亦趋，而应该勇敢迎接挑战，创新发展网络先进文化，以尽快弥补与西方国家的差距，争夺传播权和文化主导权，促进公正合理的国际网络新秩序的确立。

二、紧贴时代要求不断创造网络先进文化新的辉煌

创新可以说是网络文化的旺盛生命力之所在。在新的历史起点上大力发展网络先进文化，必须紧贴时代要求，适应形势任务，把握特点规律，不断改革创新，把网络先进文化建设提高到一个新的水平，使网络先进文化绽放出新的光芒。

---

① 埃瑟·戴森．数字化时代的生活设计［M］．胡泳，译．海口：海南出版社，1998：16．
② 易丹．我在美国信息高速公路上［M］．北京：兵器工业出版社，1997：294．

（一）网络先进文化创新发展的原则

创新发展网络先进文化，增强我国网络先进文化的内外影响力，应当遵循以下原则。

1. 启发文化自觉

网络先进文化创新最大的阻力来自既有思想观念的束缚，最艰难的抉择是能否挣脱和超越传统思维定式的禁锢。要自觉树立与科学发展观相适应的文化发展观、与信息时代相适应的网络观、与社会变革相适应的人本观，确立更加科学的思想观念，以观念更新引领网络先进文化创新。要勇于冲破传统经验做法的沿袭，冲破对权威思想的盲从，以更加开放的心态和广阔视野充分借鉴一切有利于网络先进文化创新的有益经验，吸收一切有利于强固人民精神支柱的文化成果。创新网络先进文化，必须善于启发广大人民群众的文化自觉。

文化自觉是一个国家、一个民族、一个政党对文化发展历史责任的主动担当，是推动文化发展繁荣的思想基础和精神力量。网络文化自觉是指网络文化主体对文化与网络的内在关系，文化在网络活动中的地位、作用及作用方式，文化建设的方针原则以及通过文化建设促进网络发展和安全的途径和方法等问题的一种理性认知。保持网络文化自觉，就是在推进中国网络文化发展的过程中积极倡导反思精神、批判精神、创新精神、兼容精神，时刻做到有“自知之明”。文化自觉一旦被激发出来，就会引发思想观念更新、思维方式转变，就会萌发创新意识，培育创新能力，激发创新活力，催生创新成果，就会成为推动网络先进文化创新的强大精神力量。

启发文化自觉，主要可以从以下两个方面着手。

（1）要加深对网络先进文化的地位、作用和功能的认识

知之深，才会爱之切；爱之切，才会行之笃。网络先进文化自觉意识强，网络先进文化就发展、繁荣、创新，在网络强国中的作用就突出；网络先进文化自觉意识弱，网络先进文化发展就缓慢、衰落、保守，在网络强国中的作用就弱化。只有充分认识网络先进文化地位、作用和强大的功能，才能更好地激发网络先进文化创新发展的动力和热情。

网络先进文化创新活力激活的程度决定着网络先进文化发展繁荣所能达到的

高度，影响和制约网络强国进程的力度及其展开的广度和深度。当今世界的主要国家纷纷把文化转型、文化创新放在国家发展进步的首位，以文化创新为国家发展进步提速加力，通过理念转变、理论创新牵引技术发展，牵引未来经济社会建设。当前，增强网络先进文化创新活力，用创新文化把各方面创造热情和创新智慧激发汇聚起来，为网络强国战略提供智力支持，为中华民族的伟大复兴提供精神动力，是繁荣发展网络先进文化面临的重大而又紧迫的任务。

（2）要激发主动担当网络先进文化创新发展重任的历史责任意识

文化自觉包含着对于网络先进文化的自觉追求、自觉建设、自信宣扬、自信扩展。启发文化自觉，还要让广大人民感到自己肩负着主动担当网络先进文化进步的历史责任，有一种“天将降大任于斯人”、网络文化创新发展“我有责任”、“舍我其谁”的想法，要有发展网络先进文化的强烈事业心和责任感。这种历史责任意识不是从天上掉下来的，也不是人们头脑中固有的，需要积极宣传发动，主动激发催生。网络是一个很好的平台，网上有许多可以利用的资源和网民喜闻乐见的呈现形式，如果充分合理地加以利用，以网络强国为己任的观念将会深入人心。

2. 关注价值导向

网络先进文化创新发展一定要注意价值导向。有人认为互联网是一块完全自由的独立空间，因此网络文化与意识形态无关；有人认为网络文化是技术文化，是信息技术及其发展状况的反映；有人认为网络文化不过是休闲文化，网络是人们在工作之余上网找乐的地方，政治性不用那么强；有人认为网络空间流转的是各种各样的信息，信息是中性的，不应该区分积极消极。这说明在网络文化发展中去意识形态化的倾向是非常明显的。

其实，互联网自诞生之日起就绝对不是与现实世界隔离的另一个世界，而是与现实世界有着千丝万缕联系的空间，现实世界中的许多思想观念、矛盾冲突都会在网络空间表现出来。正如美国学者丹·希勒所说：“互联网绝不是一个脱离真实世界之外而构建的全新王国，相反，互联网空间与现实世界是不可分割的。互联网实质上是政治、经济全球化的最美妙的工具。互联网的发展完全是由强大的政治和经济力量所驱动，而不是人类新建的一个更自由、更美好、更民主的另类天地。”①“冷战”时期，美国国务卿杜勒斯提出，用和平的办法促使社会主义苏联演变，“不知不觉改变人们的价值观念”，“把人们塑造成我们需要的样子”。20多年前，具有上万枚核弹头和400万人的苏军顷刻之间土崩瓦解，苏联社会主义的红旗黯然落下，政权不保，根本原因是败于觉悟、信仰和精神，败于意识形态。新的历史条件下，正是“乱花渐欲迷人眼”。世界各国在经济合作中暗含着社会制度的生死较量，一些西方国家明里暗里加紧实施网上“文化冷战”和“政治转基因”工程。网络空间“看不见的敌人”“无形的对手”有时比明火执仗的对手更危险。在今天的意识形态战场，无形的战场、无刃的对决始终围绕在我们身边。它看上去怀着“善意”，其实包藏祸心；看上去宣扬“正义”，其实在挖陷阱；看上去调侃娱乐，其实笑里藏刀；看上去揭示真相，其实颠覆历史；看上去没有目的，其实老谋深算。不论怎样乔装打扮、改头换面，其实都是在争夺人心。

面对网络空间意识形态斗争尖锐复杂的新态势，创新发展网络先进文化，在价值导向上必须坚持马克思主义的指导作用，坚持社会主义的方向，有效地促进人的全面发展，有利于社会主义和谐社会的构建；必须旗帜鲜明地坚持马克思主义一元化指导，在多元多样中立主导，在交流交融中谋共识。以中国特色社会主义理论体系为“根”，用科学理论武装群众是发展网络先进文化的根本要求；以社会主义核心价值观为“魂”，培育富强、民主、文明、和谐、民主、法治、公平、正义、爱国、奉献、诚信、友善的价值观是发展网络先进文化的现实要求。这决定了我国网络先进文化创新发展的重要政治方向。必须充分发挥网络先进文化教育人、培养人、塑造人的功能，着力提高人民群众的思想道德和科学文化素质。要始终用党的创新理论占领阵地、教育人民；要始终围绕培育社会主义核心价值观坚持高格调、弘扬主旋律。只有这样，网络先进文化的创新发展才不会失去方向、随波逐流，才不会误入歧途。

3. 推动网民参与

网络先进文化是需要广大网民共同参与和推动的文化。如果忽视广大网民参与的积极性，就会使网络先进文化的创新发展失去群众基础。没有广大网民的积

---

① 丹·希勒．数字资本主义［M］．杨立平，译．南昌：江西人民出版社，2001：89.

极参与，网络先进文化的创新发展就是无源之水、无本之木，即使国家再积极、再用力，也不会有什么理想的创新成果。

智慧在民间，聪明是网民，广大网民中蕴含着巨大的创新热情和聪明才智。许多新的网络文化现象都是聪明的网民首创的，从影响越来越大的网络语言现象就可见一斑。许多新奇精妙的表达都出自网民之手，有不少已经得到广泛运用，甚至出现在《人民日报》等权威报刊上，出现在国家领导人的讲话中。习近平总书记在2014年元旦贺词中使用了“蛮拼的”“点赞”等网络热词，李克强总理在答记者问时使用了“重要的事情说三遍”等网络用语。网络先进文化的创造力蕴藏于广大网民之中，需要通过一定的手段和方法去发掘、去推动，使这种创造力迸发出来。

（1）加强宣传教育

通过各种方式和办法让网民了解什么是网络先进文化，进一步加深对网络先进文化的理解和认识。要引导网民认识到网络先进文化是个性进一步张扬的文化，是多样化发展的文化，是融合性的文化，是以人为本的文化。要引导网民看到网络先进文化对网民树立正确的世界观、人生观、价值观的作用，对国家内聚人心、外树形象、增强凝聚力的作用，对推动国家以经济建设为中心的全面建设的作用。要引导网民认识到，国家的信息化建设和全面发展并不完全取决于外部因素，而主要取决于我国有无科学的、可持续发展的文化理念，以及在这种理念引领下形成的科学发展机制。要在全国积极普及网络先进文化的基本知识，增强利用信息化手段开展文化工作的本领，使广大网民变被动接受为主动参与，变消极等靠为积极探索，自觉投身于网络先进文化的创新发展。

（2）积极服务网民

要坚持一切为了网民，一切依靠网民，从网民中来、到网民中去，牢固树立文化服务网民的理念。既需要科学筹划、顶层设计，也需要网民行动来呼应。必须始终坚持从实际出发，以创造性精神执行和推进顶层设计。要坚持问计于网民、问需于网民，始终把网民的期盼、需求作为安排工作的重要依据，把更多的精力、物力、财力投向网民群体，使广大网民真正成为网络先进文化创新发展的踊跃参与者、积极推动者和直接受益者。

（3）激发创造活力

只有与广大网民的实际生活和切身利益紧密结合的文化，与他们的真情实感、价值理想、日常行为休戚与共的文化，才能够成为网络先进文化。增强网络先进文化创造活力，就要尊重网民的首创精神，保护网民文化创新的热情和动力，挖掘和弘扬网民的新思想、新理念、新风尚，让每个网民的创造才能都能得到发挥；就要注意洞悉网民新的文化追求，把握网络文化发展走向，满足网民日益增长的新的文化需求，在火热的网络实践和网络生活中更新内容、创新形式、拓展路子；就要强化群众性文化活动，积极为网民文化创造提供帮助，提升他们的文化创新能力，为他们提供文化创新的舞台。

4. 吸纳有益成果

网络先进文化的创新发展不能固步自封、抱残守缺，更不能另起炉灶。万丈高楼平地起，要注意吸纳一切有利于自身发展的有益成果，使自己日新、又日新、日日新，而且新而不怪、新而有源、新而有度。

（1）借鉴传统文化的有益价值

“推陈出新”“古为今用”是我们对待传统文化的正确态度。网络先进文化不是从天上掉下来的，而是有源头、有根本的。传统文化就是网络先进文化的源头和根本。传统文化中的优秀成果在网络时代依然有着突出的价值，值得深入挖掘和借鉴。发展网络先进文化就是要注意吸收传统文化的丰富营养，以崭新的形式展现出来，梳理传统文化中对网络时代有用的思想精华，化入网络先进文化的内容之中。

（2）梳理已有网络文化的优秀成果

从20世纪90年代网络在我国出现开始，至今已经经过了20多年的发展，网络文化从无到有，从无序走向有序，从单一趋向丰富，取得了不少优秀成果。这些优秀的网络文化成果是进一步创新发展网络先进文化的阶梯，必须加以重视，进行专门的研究和梳理，找到创新发展网络文化的突破口，为我国网络先进文化“百尺竿头，更进一步”提供有力支持。

（3）借鉴外国网络文化的先进元素

网络先进文化的生机与活力在于它的开放性。“洋为中用”一直是我们的文化发展方针。网络先进文化只有积极加强与外国网络文化特别是发达国家网络文化的交流对话，才能不断增加新的文化元素和新鲜血液。随着网络在全球的不断拓展，整个世界变成“地球村”，各种现代资讯、信息、科技、时尚等元素更加广泛地渗透到我国的网络空间，迫切需要网络先进文化与发展的时代、变革的社会同频共振，在信息交互中创新发展。网络先进文化要适应网络时代，就要更加自觉地与世界互动，与时代互动，与实践互动，激活思维，拓宽视野，寻求突破与超越；就要持续不断地学习新知识，吸纳新思想，升华新经验，在学习中重构对网络的认知体系，重建对网络实践的理性认识，重塑思想观念和思维方式；就要能动地勾画未来蓝图，在创造性活动中汲取时代营养，不断形成新观念、新理论、新风尚、新道德，开阔眼界，开启心智，站在网络先进文化发展的前列。要不断增强网络先进文化的辐射力和影响力，必须确立开放合作理念，加强协作交流，互相取长补短。要实施品牌引领战略工程，实施“请进来、走出去”工程，实施服务平台建设工程。

（二）网络先进文化创新发展的重点

网络先进文化的创新发展不能眉毛胡子一把抓，而要突出重点，带动全盘。创新发展网络先进文化要特别注意下列几个重点。

1. 创新网络先进文化的内容体系

创新网络先进文化的内容体系主要考虑两个方面：一是创新网络先进文化的理念。文化的理念是文化的生命，创新网络先进文化理念，要确立以文化人、以文强国、以文制胜的观念，充分认识网络先进文化的思想引领和精神支柱作用，充分发挥网络先进文化的生命力、创造力、凝聚力、免疫力功能。二是创新发展网络先进文化的理论体系。创新发展网络先进文化，要着眼于“两个大局”，紧贴时代发展，着力研究网络先进文化的时代特色、科学内涵、精神实质、历史地位、理论价值和实践意义，形成一个完整、系统、开放的理论体系。

在创新网络先进文化的内容体系时要注意把握三个维度：一是价值维度。要注重把价值创造和价值导向有机统一起来，大力培育社会主义核心价值观，在引导广大网民正确选择主流价值的同时进一步充分发挥网络先进文化创造功能，努力塑造代表网络先进文化前进方向的价值取向。二是空间维度。要把宏观视野和微观细节有机统一起来，突破将网络文化局限于网络范围的习惯认知，将网络文化建设置于世界文化发展的大格局、中国特色社会主义建设的大环境中，找准网络先进文化建设的时代坐标，努力拓展网络先进文化领域，提升网络先进文化层次。三是时间维度。把文化继承和文化创新有机统一起来，将传统文化深厚的历史底蕴作为网络先进文化创新发展的依托，在凝练、传承优秀传统文化的同时更加注重赋予其新的时代内涵，努力增强网络先进文化发展的时代性。

网络先进文化所具有的观念先导、目标牵引、精神激励等功能的释放离不开文化活动、文化产品与广大网民思想、心灵、精神的碰撞交融。网络先进文化只有回到网民当中，才能发挥其应有的价值和作用。一项优秀的文化产品，传播越广，影响就越大，价值就越高。要坚持一手抓网络先进文化的创新发展，一手抓网络先进文化的转化运用，进一步强化鲜明、正确的导向，大力改进网络先进文化的传播模式，积极推进网络先进文化大众化，特别要重点传播好反映改革主旋律、体现转变新要求的优秀文化产品，将网络先进文化的辐射力渗透到网络活动之中，切实提高网络先进文化对建设网络强国的贡献度。

2. 创新网络先进文化的实现形式

网络先进文化的创新离不开实现形式的创新。在信息时代条件下，要充分利用信息技术，开发创造数字化的信息平台和技术手段，大力加强网络文化建设，创造最具吸引力、感染力、震撼力，为广大网民喜闻乐见的文化实现形式，努力实现网络文化建设由平面型向立体型、传统型向科技型、抽象型向直观型、专业型向大众型转变，使网络先进文化更具有时代感、吸引力和行动力。

在内容架构上要坚持展示网络文化符号与创新形式载体的统一。文化凝聚精神、展示形象。一个国家、一个民族、一个单位，向内有没有凝聚力，对外有没有影响力，从一定意义上讲就看有没有叫得响、传得开、留得住的文化品牌和文化实力。发展网络先进文化，要注意在构建大文化的框架下深入挖掘反映民族特色和时代特征的网络“文化符号”，创新网络先进文化的形式载体。

做好线上文化与线下文化的有机结合，不断推出新的文化产品，推动文化资源的交流共享，打造网络空间命运共同体。

3. 创新网络先进文化的传播手段

传播决定影响。文化的影响力不仅取决于内容是否具有独特的魅力，而且取决于是否具有先进的传播手段和强大的传播能力。谁的传播能力强大，谁的文化理念和价值观念就能广为流传。创新文化传播手段，是始终保持网络先进文化时代性和创造性的重要途径。当今信息社会，要发展新的文化传播载体，创造新的文化传播手段，拓展新的文化传播途径，开辟新的文化传播阵地，加速实现网络先进文化与现代科技的高度融合，综合利用网络传媒手段，全面提高网络先进文化传播的能力和水平。

现代传播技术发展迅猛，文化与科技的融合越来越紧密。近年来，网络游戏、网络音乐、网络视频、网络文学等新的文化样式以独特的方式增强着文化的表现力、吸引力和感染力。特别是以互联网为基础的新兴媒体迅速崛起，无论传播速度、受众范围还是参与程度、信息容量，都大大超过了传统意义上的主流媒体，已经从人们过去所认为的从属的、辅助的传媒手段成为影响最为广泛的主流媒体之一，对人类社会产生了前所未有的影响，对人们的思想和行为的影响越来越大。要推动游戏动漫、网络广播电视台、远程培训等网络文化项目蓬勃发展，建立电子图书馆、文化数据库、网上博览馆和影视生活园地；建设网上文化活动中心，开展网络游戏制作、网络文学作品欣赏等活动，综合不同艺术门类的特点，打造更多富有创新含量的文化产品，最大限度地把网民吸引到网络先进文化园地中来。加强新媒体、自媒体、融媒体建设，使网络先进文化拥有多样、新颖的展示平台。

4. 培养网络先进文化人才队伍

创新发展网络先进文化，队伍是基础，人才是关键。要坚持尊重劳动、尊重知识、尊重人才、尊重创造，牢固树立人才是第一资源的思想，把网络先进文化人才纳入人才战略工程，加快培养造就德才兼备、作风过硬、结构合理、充满活力的网络先进文化人才队伍，为发展网络先进文化提供有力的人才支撑。培养网络先进文化人才队伍，首先就要建设好高层次专业文化人才队伍。高层次专业文化人才是网络先进文化创新发展的主力军，他们能创造出大量的文化精品，以满足人们日益增长的精神文化需求。要积极扶持资助有潜力的优秀中青年文化骨干参与主持重大课题、承担重点项目、领衔重大演出；着力培养善于开拓文化新领域的拔尖创新人才、掌握现代传媒技术的专门人才、懂得经营管理的复合型人才、适应网络文化“走出去”的文化宣传人才。要健全人才培养开发、评价发现、选拔任用、流动配置、激励保障机制，形成有利于优秀人才茁壮成长、施展才干、脱颖而出的制度环境。同时，还要建设好基层文化人才队伍。基层文化工作者对基层情况最熟悉，对基层工作有着最直观、最鲜活的认识，他们创造的网络文化最“接地气”，也最受网民欢迎。要制定实施基层文化人才队伍建设规划，完善选拔、培训、使用、保留等措施办法，形成有利于人才增长才干、施展才能的良好氛围。

《孙子兵法》中说：“兵无常势，水无常形。能因敌变化而取胜者，谓之神。”创新发展网络先进文化，是信息时代的要求，是网络强国的需要。唯创新者进，唯创新者强，唯创新者胜。只有永远跟上时代发展的潮流，打破守旧、守常、守成的思维，不断拓宽视野、求新图变，推进内容形式、体制机制、传播手段等的创新，才能实现网络先进文化的大发展大繁荣，才能有力推动网络强国战略目标的早日实现。

后　记

当今时代，网络发展的态势恰如春天不断蔓延的青草，正在绿遍天涯。网络驱动世界，文化塑造世界，网络文化驱动并塑造着世界。网络强国需要网络先进文化的引领，网络先进文化是网络强国的“导航仪”。网络先进文化为网络强国勾画崭新的发展蓝图，指引正确的前进方向，提供不竭的精神动力。如何发挥网络文化的作用，更好地推进网络强国战略，成为重要的研究课题。在此背景下，本书作为“强力推进网络强国战略”丛书之一便应运而生了。

本书共分为十章，从多个角度探讨了加强网络先进文化建设，发挥网络先进文化的引领作用，以推进网络强国战略实施的问题。主要内容是：第一章，透视网络先进文化内涵；第二章，认知网络先进文化的作用；第三章，巩固网络思想文化主阵地；第四章，把握网络舆论引导时度效；第五章，反击西方网络文化渗透；第六章，抵制网络腐朽文化现象；第七章，继承优秀传统文化基因；第八章，提高青少年网络文化素质；第九章，深化网络文化理论研究；第十章，推动网络先进文化创新发展。

本书由化长河任主编，陈露、张晨任副主编，段朝霞、丁春宇、许夙慧、郑恺、许存、徐晓芳参与编写。具体撰写情况为：第一章由段朝霞撰写；第二章由徐晓芳撰写；第三章和第四章由张晨撰写；第五章由陈露撰写；第六章由许存撰写；第七章由许夙慧撰写；第八章由郑恺撰写；第九章由丁春宇撰写；第十章由化长河撰写。本书由主编、副主编统稿并定稿。

在本书编写过程中，参考了不少专家学者的论文和著作，除文中脚注外，还在每章后面标注了参考文献。在此向相关文献的作者表示衷心的谢意！战略支援部队信息工程大学理学院及人文社科教研室的有关领导、专家在本书编写中提出了宝贵的建议，进一步提升了本书的质量，在此一并表示感谢！

网络文化是网络时代产生的崭新的文化形态，是文化研究的新课题。由于作者水平有限，加之时间仓促，书中不足之处在所难免，敬请读者批评指正。